九家种

九家种坚果

处暑红

处暑红坚果

泰安薄壳

泰安薄壳栗蓬

华　光

华光栗蓬与坚果

燕　魁

燕魁坚果

早　丰

早丰栗蓬与坚果

燕山短枝

燕山短枝栗蓬与坚果

大板红

大板红坚果

替码珍珠

替码珍珠坚果

燕　明

燕明栗蓬与坚果

东陵明珠

东陵明珠栗蓬与坚果

塔　丰

塔丰坚果

板栗优良品种及无公害栽培技术

组文芳　主编

中国农业出版社

主　编　组文芳
副主编　秦立者
编　者（按姓氏笔画排序）
尹素云　尼群周　石海强　付雅丽
任淑艳　刘祥林　张红芹　李素荣
杨庆仙　陈江玉　赵青涛　组文芳
徐国良　秦立者　曹建新　靳爱荣
顾　问　李良瀚　李保国

序

板栗是我国主要经济树种之一，分布区域广阔，全国有26个省、直辖市、自治区生产板栗，它不仅是一些山区农民赖以生存的经济来源，同时又是出口外销的重要商品，年外销达3万吨，每年为国家换取数千万美元外汇。发展板栗生产不仅有经济意义还具有优化生态环境的意义。我国板栗在栽培管理上虽经科研、推广人员普及先进技术，产量有所提高，但必须指出，尚有些地方栗产区栽培管理仍很落后，技术普及任务仍很大。此书的编写是在以前写作的基础上，内容有所创新，特别是无污染技术的开发以及近年来积累的一些先进技术都在书内有叙述。更应指出的是，这本书各章节是由各专业的有关科技人员分别执笔，收集的资料广泛深入，内容丰富，可操作性强，是一本聚各方精华于其中的较好科技读物，对普及板栗无公害栽培技术，提高无公害板栗生产，定会起到推动作用，也为无公害板栗的出口提供保证。

王福堂

2008年9月10日

前　言

板栗是原产我国珍贵的干果树种之一，其适应性很强，分布广泛，在水资源匮乏、土壤贫瘠的丘陵山区、河滩沙荒、水果类不宜发展的地域均能正常生长。板栗栽培范围遍布大半个中国的26个省、直辖市、自治区，且主要分布在黄河流域和长江流域。板栗的营养价值很高，风味隽美、香甜可口、果形玲珑，具有补肾益气、活血化瘀、舒筋活络、养胃健脾、治腰腿无力、延年益寿之功能。我国板栗产量最高，是出口量最多的第一生产大国。

自改革开放以来，随着联产承包责任制的实施和开发荒山、退耕还林、取消果品特产税、农村产业结构的调整等一系列惠农政策的落实，板栗种植业有了长足的发展。据权威部门统计数字表明，我国板栗栽培面积由改革开放之初1982年的426万亩上升到2005年的2 550万亩；产量由1980年的6.73万吨上升到2006年的113.97万吨，其栽培面积和产量均居世界首位，并培育出适应不同生态条件的板栗品种多达300多个，为进一步发展奠定了雄厚的物质基础和技术储备。

在板栗种植业快速发展的同时，也暴露出不少亟待解决的问题，应引起人们的重视。众所周知，板栗重点发展的地区多为山地丘陵、沙荒滩地，立地条件差，交通不便，信息不畅；缺乏统一规划，栗农大部分为分散栽种，个体经营，形不成规模，很难进行统一的规范化管理；在苗木生产中多以实生繁殖为主，优良品种引进、推广较慢；重栽轻管现象较为普遍，有的就是放任生长、不修剪、不浇水，造成大小年严重，产量低、品质差；在病虫害防治方面，随意性较大，用药不规范，造成病虫害为害严重，好果率低，果实中有毒有害物质超标。除化肥、农药的污染外，工业“三废”、汽车尾气、生活垃圾、粉尘等有害物质对水源、大气、土壤等生态环境的污染也日趋严重，已成为制约板栗生产新的公害。随着全面建设小康社会步伐的加快和人民生活水平的提高，对农产品的质量和安全性提出了更高的要求。加入世贸组织后，为我国农产品出口提供了很好的机遇，但代之而来的是“绿色壁垒”门槛的提高，把有毒有害物质超标的农产品“拒之门外”。所以，农产品的品质和安全性已成为公众关注的热点，也引起了国家有关部门的重视，为了增强我国农业可持续发展的后劲和与国际市场接轨，2001 年 4 月，由农业部牵头组织实施的“无公害食品行动计划”正式启动，2002 年农业部和国家质检总局又颁布了《无公害农产品管理办法》，说明无公害果品生产是带有法律强制性和市场约束性的，从而推动了无公害农产品健康有序的快速发展。

鉴于我国板栗生产中存在的问题，作为出口创汇有着广阔前景的特色果品，由于品质下降和有毒有害物质超标，受到了很大的制约，年出口量一直在 4 万吨左右徘徊，仅占全国板栗总产量的 3.5%，这与世界头号板栗生产大国的地位是极不相称的。为了使板栗生产者了解无公害果品的生产要求及相关知识，作者结合多年从事板栗生产和科研的经验，在参考大量文献的基础上编著了“板栗优良品种及无公害栽培技术”一书，在编写过程中力求成果新颖、资料翔实、图文并茂、科学实用、通俗易懂、可操作性强，以期对促进我国板栗生产再创辉煌做出微薄的贡献。

本书初稿完成后，特呈请河北省农林科学院昌黎果树研究所有“板栗大王”美誉的老专家王福堂先生审阅并提出宝贵意见，并为本书写了序，在此深表谢意。

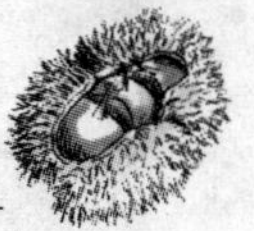

本书在编写过程中由于作者水平所限，疏漏和不当之处在所难免，请读者批评指正。

编　者

2009年1月10日

目　录

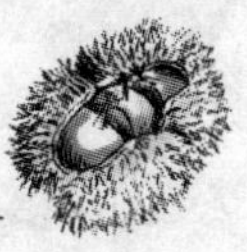

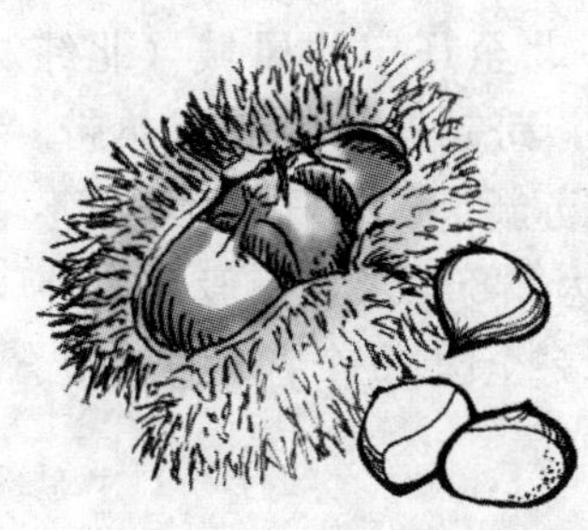

第一章 概 述

一、我国板栗栽培历史与分布

板栗（*Castanea mollissima* Blume，英文名 Chestnut）是山毛榉科（壳斗科，Fagaceae）栗属（*Castanes* Mill）落叶乔木。原产我国，是我国利用最早的经济树种之一，栽培历史悠久，从古代的著作中，看到不少有关栗的记载，与枣、桃、杏、李同为我国古代五大名果之一，是世界著名的干果树种。早在西周至春秋初期（公元前 10 世纪至 6 世纪）的《诗经》上就曾有“树之榛栗……”的记载，《唐风》中有诗“山有漆，隰有栗”。除文字记载外，在山东临朐发掘出大叶板栗叶化石（距今1 200 万～1 400万年）；在陕西半坡村新石器时代遗址中，发掘出大量碳化栗壳，距今 6 000 多年了。说明 6 000 年前我们的祖先就开始用栗作为食物。西汉司马迁在《史记》的《货殖列传》中就有“燕秦千树栗，其人与千户侯”等的明确记载。《苏秦传》中有“秦说燕文侯曰：南有碣石雁门之饶，北有枣栗之利，民虽不细作，而足于枣栗矣，此所谓天府也”之说。西晋陆机为《诗经》作注也说：“栗，五方皆有，惟渔阳范阳生者甜美味长，地方不及也。”由此可见，我国的劳动人民早在 6 000 多年前就已栽培板栗。

板栗多生于低山丘陵缓坡及河滩地带，河北、山东、陕南镇安是著名的板栗产区。品种资源丰富，分布地域辽阔。南起海南岛黎族、苗族自治州（北纬 18°30′），北至辽宁的凤城（北纬 40°31′）和吉林的集安（北纬 41°20′），跨越亚寒带和亚热带。其垂直分布，河北昌黎，山东郯城，江苏新沂、沭阳等地海拔不足 50 米；高海拔区如云南省的维西达 2 800 米，一般分布在 300～500 米之间。高低相差达 2 750 米，全国 26 个省、直辖市、自治区均有分布。

二、板栗的食用价值与经济价值

板栗具有很高的食用价值，其栗实甘甜芳香，被称为“木本粮食”。栗实中含有丰富的营养成分，淀粉 60%～71%，糖 7%～23%，蛋白质 5.7%～10.75%，脂肪 2.0%～7.4%，每 100 克含胡萝卜素 0.3～0.59 毫克，每 100 克含维生素 C 69.3～86.1 毫克，还含有粗纤维、维生素 A、维生素 B 及钙、磷、钾、铁等矿物质，并含有易被人体吸收的 16 种不饱和氨基酸，总量为每 100 克含 6.25～7.03 毫克，可供人体吸收和利用的养分高达 98%。其蛋白质含量比甘薯高 1 倍，氨基酸含量比玉米、面粉、大米高 1.5 倍，维生素 C 含量是苹果、梨、桃的 5～10 倍，是很好的粮食代用品。板栗生食、炒食皆宜，糖炒板栗、板栗烧子鸡，喷香味美，还可以加工制作栗干、栗粉、栗酱、栗浆，亦可制成多种菜肴、糕点、罐头食品等，栗子羹则是老幼皆宜、营养丰富的糖果，在国外被称之为“健康食品”。属于养胃健脾、延年益寿的上等果品，又有“补肾益气，治腰、脚无力，活血化淤，舒筋活络”等医药功能。唐代孙思邈说：“栗，肾之果也，肾病宜食之。”《本草纲目》中指出：“栗治肾虚，腰腿无力，能通肾益气，厚肠胃也。”栗子所含高淀粉可提供高热量，而钾有助于维持正常心跳规律，纤维素则能强化肠道，保持排泄系统正常运作。

板栗全身是宝。除食用外，栗木材质坚硬，纹理通直，是建筑和造军工、车船的优良用材；因其坚固耐久，耐湿不易被

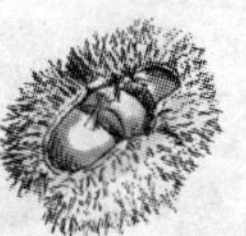

腐蚀，有美丽的花纹，是非常好的装饰和家具用材；枝叶、树皮、刺苞富含单宁酸，可提取烤胶，是皮革工业的重要原料；树叶可以饲养柞蚕；花是很好的蜜源；花燃可趋蚊。板栗树体各部分均可入药，能健脾益气、消除湿热，苞壳治反胃称做收敛剂，树皮煎汤洗丹毒，根可治偏肾气等症。故板栗具有很高的经济价值。

另外，我国板栗具较强的适应性，在水资源匮乏、土壤瘠薄的丘陵山地、河滩沙地以及水果类果树不宜发展的地域均能栽培种植并正常生长，不与粮、棉、油等作物争地。生产中可利用当地的自然资源，充分挖掘山地和经济效益低劣的沙滩地发展板栗，即可提高经济效益，又能绿化荒山荒地，具有显著的生态效益。

三、我国板栗在世界板栗生产中的地位

我国板栗的产量和品质，在世界食用栗中居首位。20 世纪 30 年代初期，世界主要 4 种食用栗中，欧洲栗、美洲栗、日本栗和我国板栗相比，其产量欧洲栗最多，约占世界总产量的 50%，我国板栗的产量仅为欧洲栗产量的 1/5。30 年代末期，欧洲栗由于墨水病、栗疫病的为害，产量直线下降。到 70 年代，产量只相当于 30 年代的 1/10。美洲栗自 1904 年发生栗疫病后，栗树相继死亡，造成美洲栗产业一蹶不振。日本栗在第一次世界大战后栽培面积为 18 万亩①，第二次世界大战后由于战争和栗瘿蜂的为害，栽培面积急速下降，1950 年不足 7.5 万亩，60 年代开始恢复，到 80 年代达到 75 万亩，随着工业的发展，日本栗发展缓慢。然而，我国板栗坚果的品质却居世界食用栗的首位，其栗果形状玲珑秀美，风味香甜可口，为世界各国一致称道。尤其坚果涩皮易剥离、适宜加工的独特性状，更为世人珍视，在国

① 亩为非法定计量单位，1 亩＝667 米^2。

际市场上被誉为“东方珍珠”。因我国板栗在国际市场畅销，售价一直较高。

我国板栗适应性、抗病性强，抗旱、耐瘠薄，深受各栗产国的重视。自20世纪20年代开始，美国、朝鲜、日本等国相继从我国引进板栗品种与其本国的板栗进行杂交，以期改善品质，著名的平壤栗就是从山东引种培育的；日本通过引种杂交培育出抗栗瘿蜂品种和品质优于日本栗的新品种利平等，但由于自然条件的原因其品质远远不如我国板栗。在世界板栗日渐衰退的情况下，我国板栗发展迅速，其产量和栽培面积逐年增加，近年来总产量已跃居世界各产栗国之首。2001年产量达到59.91万吨，占世界产量的69%，已成为板栗生产大国。同时板栗也是我国出口换汇的重要外贸商品，目前我国板栗年外销量达3万余吨，最高年份达4万吨，占世界出口量的30%以上。销往我国香港地区以及外销日本、新加坡、菲律宾、韩国、泰国及东南亚等地（大多转销英国、美国）。而以日本购买量最大，天津甘栗备受日本国民的欢迎，日本经营板栗的大小商社有几百家，从业人数达几万人。从世界干果消费预测来看，国际市场上板栗贸易的范围在不断拓宽，正在摆脱国际市场过于单一（日本占80%）的尴尬局面。目前我国板栗出口已增至到13个国家和地区，尤其是我国台湾省及韩国和法国市场正在悄然兴起。2003—2004年，销往我国台湾省及出口韩国的板栗分别占我国总出口量29.8%和6%，随着我国贸易市场的不断拓宽，板栗的销售渠道将会越来越多，其前景十分广阔。

四、我国板栗的生产情况及存在问题

我国板栗分布广，全国26个省、直辖市、自治区均有栽培。目前，栽培面积和产量均呈快速增长之势。现如今栽培面积已由1982年的426万亩上升为2005年的2 550万亩；全国板栗产量，由1980年的6.73万吨上升为2003年的71.5万吨，2006年达

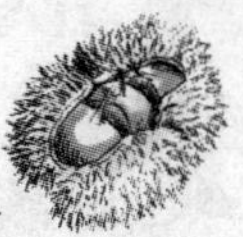

113.97万吨，居世界第一位。重点产区为燕山、沂蒙山、秦岭和大别山等山区及云贵高原，其中山东、湖北、河南、河北4省的产量占全国产量的60%左右。

我国板栗资源丰富，品种多达300种以上，基本上划分为两大生态品种群，即北方生态品种群（华北地方品种群）、南方生态品种群（长江流域地方品种群）。此外，还有东北丹东栗品种群（属日本栗系统）及一些矮生野板栗。北方栗主要分布于淮河及秦岭以北，燕山山脉以南，包括河北、北京、天津、山东、苏北、豫北、陕北及辽宁等地，年均温10～15℃，≥10℃积温3 100～3 400℃，年降雨量500～800毫米，日照时数2 000～2 800小时。以燕山山区长城沿线板栗栽培最为集中，总产量占全国1/3，年出口量占80%，在国内市场上统称京东板栗，在国际市场上被誉为天津甘栗而驰名遐迩。南方栗主要分布于淮河秦岭以南的长江中下游流域，包括苏南、浙江、皖南、豫南、陕南、湖北、湖南，属亚热带气候区，年均温15～18℃，≥10℃积温4 250～4 500℃，年降雨量800～1 000毫米，年日照1 000～2 200小时。以湖北栽培最多，总产可达1.6万吨。其次为江苏的宜兴、溧阳和吴县，浙江的长兴和诸暨，安徽的广德和舒城等地。

我国板栗以优良的品质和高度的抗逆性享誉世界。20世纪70年代，我国各板栗产区的果树、林业科研院所相继开展了板栗引种、选种、良种繁育等工作，经过多年努力，我国板栗生产现已完全实现了品种良种化，新造板栗经济林全部采用已鉴定为良种的嫁接苗。受生产和消费习惯的影响，部分地区实生板栗树所产生的经济效益仍然可观。近30年来，随着农村经济的发展、政策的引导和市场需求的刺激，我国板栗生产发展很快，经历了由实生繁殖、粗放管理到良种嫁接繁殖、集约经营的过程，产量大幅度增长。随着农林生产结构的进一步调整，板栗作为生态经济型果树将更加受到重视，其发展前景十分广阔。

我国板栗品质居世界食用栗之首，甜香可口，内种皮易剥除，适于加工，可溶性糖含量高于日本栗和欧洲栗，为世人称道。同时，我国板栗抗逆性也首屈一指。我国山地多、劳动力资源充足，因此，大力发展板栗，占领国际市场，具有明显的资源优势和生产潜力。然而，生产中仍然存在着很多不足之处，尚有部分栗区仍采用实生繁殖，种性良莠不齐，良种更新缓慢；因引种、更新，现代板栗果园管理技术及适销加工产品的研究等相对滞后；栗农多为个体分散经营，对集约化经营重要性认识不足，资金投入不到位，丰产栽培技术不配套，在一定程度上存在着管理粗放、广种薄收的现象；施肥方法不科学，重化肥轻有机肥，且施肥又多以速效氮肥为主，致使林地土壤中的营养元素不平衡；病虫害防治措施不当，如栗实象甲、桃蛀螟等蛀果性害虫的发生，直接影响了好果率；重栽轻管，定植后很多栗农任树自然生长，不整形不修剪，造成树冠郁闭，树形紊乱，枝量过多，枝质过弱；收获期一次性采收，采收时板栗蓬口开裂达到生理成熟的仅占30%左右，此时采收不仅降低了板栗的产量和品质，采后的贮藏性能也受到较大的影响；销售渠道不畅、农村信息不灵，农民不会根据市场的变化来安排产销；国内板栗市场相对饱和，收购价格大幅下跌，栗农经济收入相对减少，生产积极性严重受挫；贮藏加工相对落后等均造成板栗单位产量低、质量差，出口创汇额低，其经济效益和社会效益不高。

五、今后我国板栗生产的发展思路

板栗是我国经济树种之一，它不仅具有绿化荒山、保持水土的作用，更为突出的是资源丰富，分布广泛，适应性强，综合利用价值高。板栗果实营养丰富，风味佳美，为广大消费者所喜爱。因此，发展板栗，既有利于开发山区资源，发挥山区优势，增加山区人民的经济收入，又有利于丰富果品种类，满足市场和人民生活的需要。为了更好的发展我国板栗生产，首要任务是在

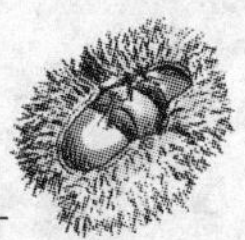

保护我国栗属野生资源的基础上，加强对板栗新品种的定向选育工作，继续发掘利用优良的栽培品种，努力培育适合不同自然条件下及适合加工用途的板栗新品种。选种目标为：在基本生产条件下可以获得一定产量，并具有区域适应性强、加工性状良好、品质优良、适于浅山或山前平地密植栽培和高抗逆性等特征的优良品种。促使我国板栗生产从目前的单一坚果生产逐步转变为满足不同市场需求的专项生产。同时进行板栗种质创新，为未来品种的选育提供新的育种材料。对板栗重要农业性状的遗传规律进行深入研究，通过生物技术和传统育种技术的有机结合加快育种进程。依托现有资源，建立专业良种采穗圃和良种繁育中心，保证品种纯正，对引进的新品种要进行品种比较和区域性试验，做到因地栽植。

栽培管理方面，加强对板栗丰产栽培技术的研究，提高板栗产量，建设高效的板栗生产园，加快新技术在生产上的应用，采取多种形式提高栗农的生产技能。建设高效的板栗园主要应注意以下几个方面的问题：适地适栽，合理布局；培育良种壮苗；实行嫁接，改劣换优；深翻扩穴，改良土壤；配置授粉树；加强整形修剪；栗园间作，秸秆还田；提倡栗树行间生草，形成良性生态系统；合理密植提高光能和土地利用率，增加单位面积产出率；合理施肥，及时排灌；注意防治病虫害，提倡使用无公害农药。重点扶植经济效益好的科技示范户，起到以点带面的作用。

加工和销售方面，要使我国板栗产业稳步发展，必须开拓新的国际市场。据有关资料，欧洲和北美具有板栗消费的巨大市场，这些地区板栗生产的持续低迷在短期内很难恢复。目前，因欧美国家对从我国进口的带壳鲜栗实行严格限制，只能通过出口板栗半加工品和成品进入上述国际市场。板栗出口相应由出口原料向出口栗肉或其他加工食品转变，以增加板栗附加值和扩大市场容量。考虑到我国板栗生产比其他果树作物具有优越性以及坚果价格和市场容量，我国板栗产业应以板栗有机食品生产作为产业的发展目标，建立以市场为导向，加工原料生产基地为基础，原料和加工产品的生产为龙头的有机板栗产业。在一些已大面积种植板栗或已形成产业化优势的地区，建造板栗专用冷藏库或气调库，保证板栗产销的畅通。

适度规模发展，才能使板栗生产成为农民的主业，果实收入成为农民的主要收入，从而促进农民增加投入，增强学习掌握板栗生产技术的自觉性和积极性。完善科技服务体系，强化服务意识，农、林部门要及时地组织科技人员进行嫁接、修剪、病虫防治等方面的科技咨询和现场指导，并经常组织召开全国性的板栗学术研讨会，交流板栗信息。对于板栗良种繁育、丰产栽培、采收、贮运、加工等方面以及如何实现机械化作业需要进一步研究，以推动我国板栗产业化生产的进程。

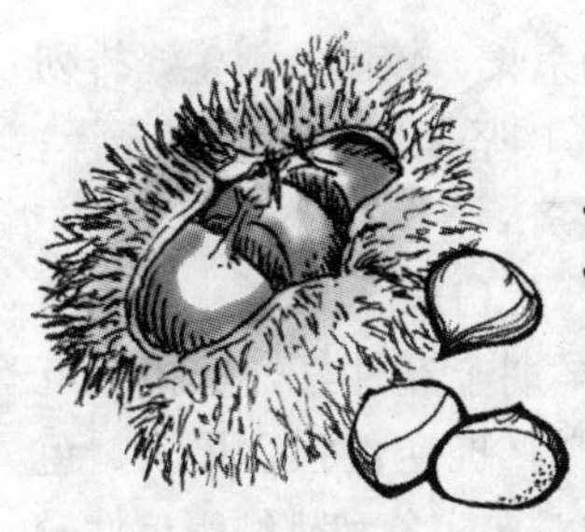

第二章　品种介绍

我国板栗品种大体可分北方栗和南方栗两大类，南方栗：坚果大，淀粉含量高，肉质粳性，含糖量低于北方栗，多适合菜用。宜于长江流域高温多湿的苏南、浙江、湖南、湖北、豫南、豫北、皖南一带，年降水量 800～1 000 毫米，年平均气温 15～18℃地区栽培。北方栗：山东栗，坚果相对较小，肉质糯性，适宜糖炒栗，出口外销称泰安栗，宜于山东、苏北、皖北、豫北、陕北一带发展；燕山栗，坚果玲珑秀美，栗果重在 10 克以内，肉质糯性，味香，含糖量高达 20％以上，是糖炒栗佳品，出口外销称天津甘栗，深受外商欢迎，占全国年出口量的 80％，适于燕山山脉以南河北、北京、天津、山西、辽宁一带，年降水量 500～600 毫米，年平均气温 10℃左右地区发展。燕山板栗是近 30 年来自数万实生树单株中选出的优良品种。为便于栗农因地制宜种植板栗，现将我国各地的主要栽培品种介绍如下：

一、南方板栗品种

1. 大红袍　又称迟栗子。

品种来源（原产地）：安徽省广德县的砖桥、山北一带，当地主栽品种。

品种特性：树势中等，树姿开张，一年生结果母枝平均长度 23 厘米；雄花序平均长度 16 厘米，每结果枝挂总苞 2.2 个。总苞椭圆形，重 111.7 克，苞壳较厚，刺束长、较硬，斜生，排列中密，成熟时为十字开裂。出籽率 40%；坚果红褐色，有光泽；茸毛少，呈纵向条状分布。坚果不甚整齐，平均单粒重 18 克左右。果肉含水 50.31%、总糖 12.85%、蛋白质 3.68%、维生素 C 233.5 毫克/千克。果实较耐贮藏，早期丰产性好，嫁接第五年平均株产 2.0 千克，且能丰产、稳产，抗逆性强，果大、色艳，具有较强的市场竞争力。但该品种对栗实象和桃蛀螟抗性较差。在武汉地区开花盛期 5 月下旬，果实成熟期为 9 月上旬至中旬。

2. 韶栗 18

品种来源（原产地）：广东省韶关林业科学研究所于 1974 年从实生无性系中选出。

品种特性：该品种树冠圆头型，树姿开张，生长旺盛，树势强。顶芽有自枯现象（自剪）。萌芽率较高达 78.14%，其结果枝率为 39.01%，随着结果母枝长度增长和粗度增大，果枝数与栗苞总数随之增加。总苞椭圆形，重 69.2 克，刺束密度中等，刺长 1.6 厘米，苞壳厚 0.28 厘米。总苞平均着生坚果 2.8 粒，出籽率 43%。坚果椭圆形，重 11 克，果皮红褐色，具油亮光泽，无茸毛，底座中等大，接线直。果肉细腻，味香甜，品质上等，是早期丰产的良种。授粉品种为青扎、焦扎，配置比为 1∶8。云南成熟期 8 月上、中旬。

3. 毛板红　又称长刺板红。

品种来源（原产地）：原产浙江省诸暨，当地主栽和发展品种。

品种特性：树势强健。结果母枝发生结果枝率较高，达到 38.85%，体现了结果性能良好的特性。总苞大，椭圆形，重 112.5 克，刺束长而密软。坚果大、暗红色，茸毛遍布果面，色泽鲜美，平均单果重 15.2 克。果肉味甜、粳性，含糖 8%，淀粉 59.4%，蛋白质 5.67%，成熟期 10 月上旬。适宜密植，耐贮藏。因总苞刺束长而密，不易受桃蛀螟和象鼻虫为害。

4. 魁栗

品种来源（原产地）：浙江省上虞，为当地主栽品种。

品种特性：成年树冠呈圆头形，树势强健，树姿开展；结果母枝抽生结果枝的能力较强，最大型的结果母枝可比其他品种多抽3～6个，枝平均长17.9厘米，每个结果枝可着生1～2个混合花序及雌花簇，表现出很强的单枝抽生潜力。总苞大，椭圆形，重132.1克。坚果赤褐色，茸毛少，底座小，果肉淡黄，味甜具粳性，果肉含水量51.93%、糖17.9%、淀粉57.49%、蛋白质7.88%。平均单粒重16.7～17.8克。宜配置软刺、处暑红做授粉树。比例4∶1或5∶1。栗实宜菜用，不耐贮藏。适应性广，耐瘠薄，抗干旱，北方也可栽培。

5. 九家种　又称魁栗、铁粒头。

品种来源（原产地）：江苏省吴县洞西山。

品种特性：树冠紧凑，直立，树势中等，树形较小，新梢短，节间短。总苞扁椭圆形、苞壳薄，刺束密度稀而开展，刺长1.55厘米。总苞重66.93克。每苞平均着生坚果2.8粒，出籽率48.9%。坚果近圆形，单粒重12.2克，果皮亮紫褐色，茸毛中等，集中分布于果顶，底座中等大小，接线直。果肉含水率43%、含糖13%、淀粉52%、蛋白质7.64%。嫁接第三年即可进入正常结果期，果实极早熟，成熟期南方8月中、下旬，北方9月中、下旬。该品种早实丰产，较抗旱，坚果大小整齐，果肉细腻、甜糯、有香味，品质极佳，耐贮性能好，是优良的炒食和菜食兼用品种。

该品种结果部位容易外移。栽培上注意以果压梢及以果坠枝，使树形保持自然开心形。修剪须注重结果枝的更新，使结果部位尽量靠近骨干枝。适于密植栽培。北方也可栽培。

6. 叶里藏

品种来源（原产地）：安徽省林业厅选育。

品种特性：树姿较直立，树势旺，果枝粗壮。母枝平均抽生果枝1.8个，果枝平均结总苞1.4个，枝上叶片往往遮住总苞。坚果单粒重17.2克，大小整齐，紫褐色、光泽强，涩皮易剥离，外形美观，耐贮藏。果肉含淀粉62.80%、糖16.50%、粗蛋白8.9%。表现出较强的抗寒性。9月中旬成熟。连续3年结果枝达26%，丰产、稳产，抗病虫、抗旱能力均较强，在凤城地区嫁接后4～6年平均株产4.7千克。

7. 处暑红　又称头黄早。

品种来源（原产地）：安徽省广德县砖桥、山北、流洞等地，为当地主栽品种。

品种特性：树冠呈圆头形，树形中等紧密，枝条节间短，分枝角度小。坚果平均单粒重16.5克，紫褐色，光泽中等，果面茸毛较多，坚果整齐，果肉细腻、味香，果肉含水率47.2%、糖12.6%、淀粉51.1%、蛋白质6.07%。果实8月下旬至9月上旬成熟。该品种受桃蛀螟、栗实象为害较轻。由于果实成熟早，较难贮藏，适宜在距离市场较近的地区发展。

8. 太星1号

品种来源（原产地）：从韶栗18中选出的优质、丰产、大果、早熟板栗新品种。

品种特性：具有抗病强、适应性广、挂果快、易丰产、一年多次挂果特性。株形矮化，适于密植，载后1～2年挂果，第一次果实成熟期在8月中旬，二次成熟期在10月中旬，三次成熟期在11月底。亩产坚果600～700千克。坚果单粒重13～18克以上，果皮乌黑油亮，品质优良，适合山区、丘陵地栽培。

9. 它栗

品种来源（原产地）：湖南省邵阳、武冈、新宁等地，为当地主栽品种，长期无性繁殖。

品种特性：树冠半圆头形，树体较矮，枝条开张，成枝力强。总苞圆形，黄棕色，刺密且硬，平均总苞重87克，出籽率

36.3%；坚果椭圆形，中果扁平近三角形，皮褐色，茸毛中等，果顶平，果座中大，坚果中大，平均单粒重13.2克，果肉稍粗，出仁率75%，果肉含蛋白质11.2%、脂肪1.4%、糖分20.8%、淀粉33.1%及多种维生素和矿物质。耐贮性好，适应性强，对土壤气候要求不严，耐旱、耐高温、耐瘠薄，年降雨量500～1 500毫米、海拔100～2 500米、土壤pH 4～7的条件下都能正常生长。成熟期9月中、下旬。配置授粉树可提高结实率。生产上可选择2～3个成熟期一致的品种做授粉树，其数量可以掌握在主栽品种数量的1/10左右为宜。

10. 铁粒头

品种来源（原产地）：江苏省宜兴。

品种特性：树冠圆头形，树体矮小，果枝短，雌花形成能力强。总苞椭圆形，重57.12克，刺束密度中等，刺长1.33厘米，苞壳厚0.31厘米，总苞平均着生坚果3粒，出籽率44.2%。坚果椭圆形，重8.51克，果皮亮紫褐色，茸毛少，分布于果顶。底座中等大小，接线直。果肉淀粉含量65.9%、糖11.8%、水分58.5%。果粒大小均匀，80粒/千克。果实成熟期8月中旬，嫁接后第二年株高1.7米，株产1.52千克。适于密植栽培。该品种果实品质优良，耐贮藏性能好，果肉甜糯，宜炒食。

11. 云丰　又称云栗6号。

品种来源（原产地）：母株产于云南省宜良县，实生繁殖，树龄50年。

品种特性：总苞椭圆形，成熟时呈一字形开裂。坚果椭圆形，果顶平，平均重10克。果皮紫褐色，光泽度亮，茸毛中等，底座大，接线如意状。果实于8月中下旬成熟，出籽率45.3%～50%。坚果含水分42.7%、粗蛋白11.55%、总糖20.75%、淀粉43.50%、粗脂肪3.88%，淀粉糊化温度51℃。物候期：在峨山，芽萌动期3月1～4日，展叶期3月5～10日，抽梢期3

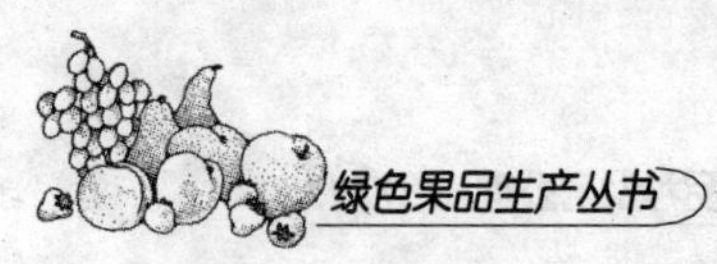

月11～19日，盛花期5月5～20日，果实成熟期8月中、下旬。本品种早实、丰产，连年结实力强，抗性好。适宜云南省海拔1 200～1 900米广大山区、半山区种植。

适宜中密度栽植，株行距4米×5米，授粉树云富、云良。整形修剪，幼树采取撑拉开角、摘心、短剪以及适当缓放的修剪方法，既保证扩大树冠，又能早期结果。连年结果后，要注意回缩更新修剪。

12. *云腰* 又称云栗9号。

品种来源（原产地）：母株产于云南省寻甸县，实生繁殖，树龄80年。

品种特性：总苞椭圆形，成熟时呈一字形开裂。坚果椭圆形，果顶平或微凹，平均单粒重11.7克。果皮紫褐色，光泽度亮，茸毛密，底座中等，接线如意状。在峨山，盛花期5月11～25日。果实于8月下旬至9月上旬成熟。出籽率45.2%～55.8%。坚果含水量49.98%、粗蛋白5.99%、总糖17.97%、淀粉40.10%、粗脂肪3.92%，淀粉糊化温度57℃。授粉树云富、云早。本品种早实、丰产性好，坚果粗蛋白和总糖含量高，适宜云南省海拔1 300～1 900米的广大山区、半山区种植。因树体矮化，适宜密植，株行距3米×4米。宜采用短剪和缓放相结合的修剪方法。

13. *云富* 又称云栗15号。

品种来源（原产地）：母株产于云南省富民县，实生繁殖，树龄200年。

品种特性：总苞椭圆形，一字形开裂。坚果椭圆形，果顶平或微凸，平均重14.4克。果皮紫褐色，光泽度中等，茸毛极多，分布于全果。底座小，接线平直。出籽率42.8%～50.9%。用此母株枝条在峨山大树高接，树势强，第二年单株产量1.5千克。坚果水分含量47.11%、粗蛋白7.70%、总糖17.99%、淀粉44.68%、粗脂肪4.87%，淀粉糊化温度54℃。在峨山，盛花期5月1～15日。果实成熟期8月下旬。授粉树云早、云良。本品种早实、丰产，是优良的主栽品种和授粉品种，适宜云南省海拔1 200～1 900米的广大山区、半山区种植。本品种树势旺，树冠大，适宜稀植，株行距5米×7米。该品种一年生壮枝重短剪后不能抽生结果枝，部分枝条应适当甩放，促进结果。

14. 云早　又称云栗22。

品种来源（原产地）：母株产于云南省寻甸县，实生繁殖，树龄100年。

品种特性：总苞长椭圆形，成熟时呈一字形开裂。坚果椭圆形，平均重12.18克。果皮赤褐色，具光泽，茸毛较多，底座中等大，接线如意状。雌、雄花盛花期5月上旬至中旬。果实成熟期8月中、下旬。出籽率45.6%～57.9%。坚果水分含量51.60%、粗蛋白8.72%、总糖24.17%、淀粉42.08%、粗脂肪4.23%，淀粉糊化温度55℃。授粉树云富、云珍。本品种结果极早，高产，坚果含糖量高。适宜云南省海拔1 200～1 900米的广大山区、半山区种植。适宜中密度种植，株行距3米×4米至4米×5米。该品种一年生枝重短剪后仍能抽生部分结果枝。宜采用轻、重结合的修剪方法。

15. 云良　又称云栗33。

品种来源（原产地）：母株产于云南省宜良县，实生繁殖，树龄20年。

品种特性：总苞椭圆形，成熟时呈十字形开裂。坚果椭圆形。果顶微凸，平均重11.28克。果皮紫褐色，茸毛较多，底座中等大小，接线如意状。出籽率41%～58.7%。坚果水分含量50.91%、粗蛋白7.23%、总糖21.87%、淀粉48.41%、粗脂肪4.81%，淀粉糊化温度52℃。物候期：芽萌动期3月1～5日，展叶期3月6～10日，抽梢期3月11～20日，盛花期5月11～25日。果实成熟期8月下旬，落叶期11月底。授粉树云富、云早。本品种早实、丰产，适应范围广，坚果总糖含量高，

果肉香、糯、品质优。适宜云南省海拔1 200～1 900米的广大山区、半山区种植。适宜中密度种植，株行距4米×5米。该品种一年生壮枝重短剪后仍能抽生部分结果枝。幼树修剪采取撑拉开角、摘心及适当缓放的方法。

16. 云珍　又称云栗44。

品种来源（原产地）：母株产于云南省峨山彝族自治县，实生繁殖，树龄25年。

品种特性：总苞椭圆形，成熟时呈一字形开裂。坚果椭圆形。平均重11.2克，果顶平，茸毛较多，果皮紫褐色，光泽度亮，底座中，接线如意状。出籽率41%～55.2%。坚果含水分49.09%、粗蛋白8.35%、总糖19.49%、淀粉40.89%、粗脂肪4.21%，淀粉糊化温度56℃。物候期：芽萌动期3月5～10日，展叶期3月11～15日，抽梢期3月16～25日，盛花期5月11～25日。果实成熟期8月下旬，落叶期12月上旬。授粉树云富、云早。本品种早实、丰产，适宜云南省海拔1 200～2 000米的广大山区、半山区种植。栽培技术要点：宜密植栽培，株行距3米×4米。因本品种具有当年生枝基部芽能抽生结果枝的特点，适宜人工控冠矮化密植栽培。冬季修剪以短剪为主，短剪和疏相结合的修剪方法。

17. 六月暴

品种来源（原产地）：主产湖北省罗田县。

品种特性：树势较强而直立，一年生结果母枝平均长度18.3厘米，平均粗度0.67厘米；叶卵状椭圆形；雄花序平均长度13.9厘米，每结果枝结总苞1.1个。在武汉地区开花盛期5月下旬，果实成熟期为9月上、中旬；总苞刺束稀疏、斜生，苞壳较薄；出籽率45%；坚果单粒重18克左右，椭圆形，黑褐色，光泽暗、茸毛多；该品种早期丰产性较差，栽植第四年株产0.53千克。坚果不耐贮藏，易被桃蛀螟为害。经湖北省农业科学院测试中心分析，坚果含水量51.49%、总糖14.44%、蛋白质5.39%、维生素C 67.7毫克/千克。

18. 红毛早

品种来源（原产地）：湖北省京山县。

品种特性：树势较强，树冠较开张；一年生结果母枝平均长度18厘米，平均粗度0.58厘米；叶卵状椭圆形；雄花序平均长度13.88厘米，每结果枝结总苞1.3个。在武汉地区开花盛期5月下旬，果实成熟期为9月上旬。总苞刺束长、排列较密，略斜生，苞壳较厚；出籽率42%；坚果单粒重16克左右，椭圆形，赤褐色，光泽好，该品种果形大，整齐，茸毛少，是湖北省早熟板栗品种中坚果最大的品种，此品种早期丰产性强，栽植第三年株产达0.51千克，第四年株产2.58千克，但贮藏性较差，易遭桃蛀螟为害。经湖北省农业科学院测试中心分析，坚果含水量50.07%、总糖15.03%、蛋白质3.7%、维生素C 128.0毫克/千克。

19. 大果中迟栗

品种来源（原产地）：湖北省，主产罗田县。

品种特性：幼树树势偏弱，树形开张；一年生结果母枝平均长度26厘米，平均粗度0.72厘米；叶长椭圆形；雄花序平均长度17.8厘米，每结果枝结总苞1.1个。在武汉地区开花盛期5月下旬至6月上旬，果实成熟期为9月20日左右。总苞扁椭圆形，刺束短，排列较密，略斜生，苞壳较厚。出籽率40%。坚果单粒重20克，椭圆形，赤褐色，光泽好。该品种果形大、整齐、茸毛少、品质好、较耐贮藏，对栗实象有较强的抗性，但早期丰产性较差，栽植第四年株产1.05千克。经湖北省农业科学院测试中心分析，坚果含水量52.96%、总糖15.95%、蛋白质4.32%、维生素C 286.5毫克/千克。

20. 薄壳大油栗

品种来源（原产地）：湖北省，主产罗田县。

品种特性：树势强健，树冠紧凑。一年生结果母枝平均长度

28.3厘米，平均粗度0.68厘米；叶长椭圆形；雄花序平均长度14.2厘米，每结果枝结总苞2.3个。在武汉地区开花盛期6月上旬，果实成熟期为9月下旬至10月上旬。总苞圆球形，苞壳薄，刺束短，排列稀疏，斜生。坚果单粒重18克左右，出籽率55%。该品种早期丰产性好，栽植第四年株产2.42千克，坚果耐贮藏，品质好，抗桃蛀螟能力强。经湖北省农业科学院测试中心分析，坚果含水量48.32%、总糖15.32%、蛋白质6.31%、维生素C 201毫克/千克。

21. 浅刺大板栗

品种来源（原产地）：湖北省，主产宜昌、秭归、大悟、京山等地。

品种特性：树势强健，树冠较紧密，一年生结果母枝平均长度23厘米，平均粗度0.71厘米；叶长椭圆形；雄花序平均长度16厘米，每结果枝结总苞2.2个。在武汉地区开花盛期5月下旬，果实成熟期为9月上、中旬。总苞椭圆形，苞壳较厚，刺束长，较斜生，排列中密。出籽率40%。坚果紫红色，茸毛少，单粒重18克左右。该品种较耐贮藏，早期丰产性好，且能丰产、稳产，但该品种对栗实象和桃蛀螟抗性较差。经湖北省农业科学院测试中心分析，坚果含水量50.31%、总糖12.85%、蛋白质3.68%、维生素C 233.5毫克/千克。

22. 韶丰1号

品种来源（原产地）：湖南省。

品种特性：树势强，生长旺。叶片大，宽披针形，长28.2厘米。叶尖急尖、叶基楔形，锯齿大，内向，质地厚，叶色深绿。总苞椭圆形，重83.78克，长9.5厘米、宽8.24厘米、高7.24厘米，刺束密，刺长1.7厘米，苞壳厚0.34厘米。每总苞平均着生坚果3粒。坚果椭圆形，重13.15克，果皮亮紫褐色，茸毛极少，分布于果顶。底座大小中等，接线直。成熟期8月中旬，出籽率43%。嫁接植株第二年开始结果，第三年株产2.9

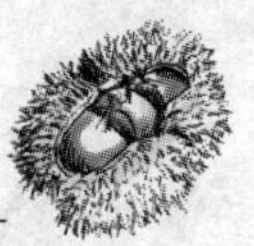

千克，第五年株产 13.13 千克，是早期丰产的良种。

23. 焦扎

品种来源（原产地）：江苏省宜兴、溧阳两地，以宜兴最多，为当地主栽品种。

品种特性：因果实成熟时局部刺束变为褐色，故名焦扎。树冠圆头形，较开张，叶片椭圆形或卵圆形，长 18.28 厘米，叶尖渐尖，叶基楔形，锯齿大，直向。总苞长椭圆形，重 79.14 克，刺束密，刺长 1.48 厘米，苞壳厚 0.3 厘米。坚果椭圆形，重 11.35 克，果皮紫褐色，茸毛长而多，分布于胴部以上。底座小，接线如意状。每总苞平均着生坚果 3 粒。果实成熟期 8 月中旬，出籽率 39.6%。用本品种嫁接苗栽植，第二年株高 1.9 米，冠幅 1.5 米×1.5 米，株产 1.19 千克。该品种适应性强，抗旱，抗病虫能力强，耐贮性能好，果肉肉质细腻，是优良的菜用型栗。

24. 青扎

品种来源（原产地）：江苏省。

品种特性：因果实成熟时刺束仍保持绿色，故名青扎。树势较开张，呈半圆头形。叶片椭圆形，长 17.74 厘米，叶尖渐尖，叶基楔形，锯齿中等大，直向，叶色绿、光亮。总苞短椭圆形，重 97.12 克，刺束密，刺长 1.18 厘米，苞壳厚 0.3 厘米。每总苞平均着生坚果 4.6 粒，多胎性明显。坚果椭圆形，重 11.7 克，果皮紫褐色，茸毛短而稀，分布于胴部以上。底座大，接线直。果实成熟期 8 月中旬，出籽率 45.8%。用本品种嫁接苗种植，第二年株高 1.2 米，冠幅 1 米×1.3 米，株产 846 克。该品种适应性强，早实、丰产，坚果品质优良，耐贮性能好。

25. 中迟栗

品种来源（原产地）：湖北省。

品种特性：树冠呈圆头形，枝条短而粗，树体小。叶片披针形，长 20.3 厘米，叶尖渐尖，叶基楔形或圆形，锯齿大，叶色绿，光亮。总苞大，椭圆形，重 103.5 克，长 9.37 厘米、宽 7.1

厘米、高7.1厘米，刺束稀，刺长1.63厘米，苞壳厚1.33厘米。坚果椭圆形，重16.47克，宽3.83厘米、厚2.23厘米、高3.0厘米。果实成熟期8月中旬，出籽率46.7%。用本品种嫁接苗栽培，第二年株高1.8米，冠幅0.5米×0.8米，株产1.55千克。该品种树体小，枝条节间短、粗壮，连续结果能力强。果实大，肉质糯性，为优良菜用型栗。适宜于集约化密植丰产栽培。

26. 尖顶油栗

品种来源（原产地）：原产山东省郯城县东庄乡，已在江苏省推广发展。

品种特性：树冠开展，树势中等。叶片披针状椭圆形或椭圆形，长20.74厘米，叶尖急尖，稀渐尖，叶基楔形，锯齿中等大小，内向，叶片两侧内卷，叶色绿，有光泽。总苞长椭圆形，侧面观呈梯形，重56.13克，长7.23厘米、宽5.76厘米、高6.48厘米，刺束密度稀，刺长1.39厘米，苞壳厚0.3厘米。坚果长三角形，果顶显著突出，重10.15克，宽2.88厘米、厚1.86厘米、高2.09厘米。果皮紫红色，光泽亮，茸毛稀，集中分布于果顶。底座小，接线直。果实成熟期8月中、下旬，出籽率44.3%。用本品种嫁接苗栽植，第二年株高2.1米，冠幅1米×1.2米，株产716克。该品种早实、丰产，果实抗病虫能力强，极少受害，果实耐贮性能好。坚果整齐，色泽美观，肉质细腻、甜糯，风味极佳，是优良的炒食型用栗。

二、北方板栗品种

（一）山东板栗品种

1. 石丰

品种来源（原产地）：山东省海阳县实生选育而成。

品种特性：幼树生长较直立，树体紧凑，树势中庸，成龄树冠逐渐开张。早果、丰产、稳产。总苞平均重73克，有坚果1.9个，苞壳厚0.18厘米，出实率35%。平均单粒重10.9

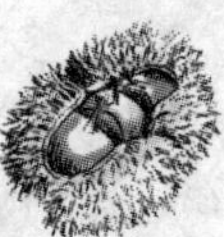

克，果实色泽较深为红褐色，9月下旬成熟。适应性较强，河滩、平地和丘陵都可栽植。树体较小，适宜密植，可按2米×4米（河滩地）或2米×3米（丘陵地）株行距计划密植。枝条基部芽结果能力强，要多运用重短截修剪。不抗红蜘蛛为害，生长季节要加强肥水及疏果管理，以提高坚果品质和避免果前梢枯死。

2. 东丰

品种来源（原产地）：山东省烟台市林业科学研究所选育。

品种特性：树冠极紧凑，呈长圆头状。结果母枝上抽生的结果枝占58%，每母枝上可抽生结果枝1.5个，结果枝平均结栗总苞2.3个，每个总苞平均含坚果2.5个。雄花枝占30%，雌、雄花序之比1∶4。雄花序长14.9厘米。黄色总苞稍椭圆，栗实近圆形，深褐色，油光发亮。果实肉质香甜、具糯性，品质优良。耐瘠薄、抗干旱。枝条基部抽生果枝能力强，适合短截修剪。适宜授粉树有清丰、玉丰、金丰、石丰。

3. 玉丰

品种来源（原产地）：由山东省莱阳于格庄选出。

品种特性：树冠开张，常呈披散圆头形，分枝角度容易过大。树势中等，早果、高产、稳产。总苞平均有坚果2.6个，苞壳厚0.2厘米，单苞重67克，出实率36%。平均单粒重9.8克，9月20日左右成熟。适应性较强，河滩、丘陵都可栽植。可按3米×4米或4米×5米定植建园。背上枝较易培养成粗壮的结果枝组，可代替下垂的枝头。应加强肥水管理，适当控制结果母枝的留量，并注意枝干涂白防冻等。

4. 金丰　又称徐家1号、金斗。

品种来源（原产地）：1969年自山东省招远纪山乡徐家村选出，烟台称金斗。

品种特性：树姿直立。幼树生长较旺，结果后长势中庸，枝条渐开张，结果母枝抽生的枝条中，结果枝占48%，易形成雌花，始果期早，嫁接当年结果株率达50%以上。总苞中型，重55克，平均苞内含坚果2.6个，坚果小，平均单粒重8克，果皮红褐色，果肉细腻、甜糯，果实含水率50.5%、糖16.8%、淀粉61.2%、蛋白质9.8%，果实耐贮藏。该品种喜肥水，不耐瘠薄。

5. 烟青

品种来源（原产地）：山东省烟台市林业科学研究所选育。

品种特性：树势强旺，树体高大，分枝角度小，树冠直立。早果、高产、稳产，产量较其他品种高20%左右。平均总苞有坚果2.2个，苞壳厚0.2厘米，单苞重64克，出实率36%。坚果大小不太整齐，单粒重9.1～12.5克。果实圆形，果皮色泽较浅，黄褐色，有光泽，稍亮；果肉糯性差，黄白色，有香味；常常有不着色的“白板”果出现而影响其商品价值。雌花在5月下旬开放，9月15日前后成熟。该品种早实、丰产，适合于丘陵地栽植，可按2米×4米计划密植建园。幼树整形时应注意开张主枝角度，控制树体高度。应适当疏果并增加钾肥，以提高坚果的商品质量。

6. 矮丰

品种来源（原产地）：1981年于山东省临沂市选出的优良单株。

品种特性：该品种树体生长缓慢，树冠紧凑、圆头形，表现为典型的短枝矮化性状，其后代矮化性状稳定，早实、丰产性强。坚果近圆形，红棕色，光亮美观，整齐饱满。果肉质地细糯、香甜，涩皮易剥离。鲜果含水53.03%、糖5.60%、蛋白质3.93%，是品质优良的炒食栗。在山东省莒南县，果实成熟期为9月16～26日，是目前板栗密植栽培的最佳品种之一。

7. 清丰

品种来源（原产地）：山东省烟台市林业科学研究所选育。

品种特性：树冠紧凑，呈圆头状，结果母枝抽生结果枝占

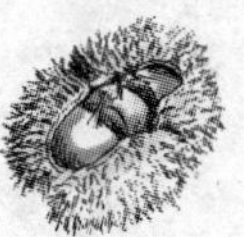

43%，结果枝上雌、雄花序之比 1：1.7。雄花序长 8.5 厘米，淡黄色。结果母枝可抽生结果枝 2.4 条，结果枝结总苞 3.1 个。总苞近肾形，总苞平均含坚果 2.35 个，出实率 38.%，果实中等大，每千克 130～150 粒。坚果椭圆形，棕褐色，果顶茸毛较多。果肉质地细腻、香甜，品质上等。授粉树为金丰、东丰、玉丰。具有始果期早和丰产快的特征，适宜密植，耐瘠薄，抗干旱、耐贮藏。

8. 黄棚

品种来源（原产地）：1993 年山东省泰安市黄前镇焦家峪山地栗园选出。

品种特性：树冠圆头形。幼树期生长直立，大量结果后，树势开张呈开心形。混合芽大而饱满，近圆形。结果母枝长 37.8 厘米，果前梢大芽 7.95 个，结果母枝平均抽生结果枝 2.1 条，结果枝平均着生总苞 3.1 个，每苞含坚果 2.9 个，出实率 55% 以上。总苞椭圆形，重 50～80 克，苞壳较薄为 0.17 厘米，刺束略稀，中长，分枝角度稍大，黄色，成熟时不开裂或很少有开裂，果柄粗短。坚果近圆形，深褐色，单粒重 10 克，光亮美观，充实饱满，大小整齐一致，属中型栗，底座较小，呈月牙形；果肉黄色，细糯香甜，涩皮易剥离，果实含水率 43%、淀粉 66%、糖 19.0%、蛋白质 6.61%。耐贮藏，商品性好。在泰安 6 月上旬为盛花期，9 月上、中旬果实成熟。以华丰、泰安薄壳、红栗 1 号等花期基本吻合的几个品种作为授粉树。该品种早实、丰产，且品质优良、抗旱、耐瘠薄，是当前最适于山岭薄地发展的板栗新品种。丘陵山地栽植密度以 3 米×4 米或 3 米×5 米为宜；平原或土壤肥力较好的河滩地，肥水条件好，栽植密度以 3 米×5 米或 4 米×5 米为宜。

9. 丽抗

品种来源（原产地）：山东省莒南县林业局实生选育。

品种特性：树姿较直立，树冠较大，混合花芽较大、有尖，

芽鳞片茸毛较少。雄花序少，平均每果枝有雄花序5.4个，雌花着生均匀，一般每果枝有2～3个雌花，雌花很少有1个和超过4个。雄、雌花开放盛期在6月下旬，9月下旬果实成熟。结果母枝平均长26.5厘米、粗0.5厘米，果前梢长4.7厘米，果前梢有饱满芽3.5个；每个母枝抽生果枝2.3条，每个果枝结总苞2.0个，每总苞有坚果2.2粒；苞壳薄为0.14厘米，出实率43%。总苞中大，近圆形，苞刺较短，长1.2厘米，排列较紧密。坚果饱满整齐近圆形，平均单粒重11.2克，色泽深褐而均匀，果面平滑光亮，无纵棱突起，美观靓丽，商品性状优良；鲜果含蛋白质4.46%、脂肪1.30%、淀粉33.07%、总糖5.80%、锌5.8毫克/千克、钙20.4毫克/千克。坚果皮薄，易剥离，果肉细糯、香甜，适于炒食。结果早，丰产、稳产，抗旱，耐瘠薄，抗烂果病、栗红蜘蛛，极耐贮藏和运输。南方也有种植。

10. 泰栗1号

品种来源（原产地）：山东省果树研究所从粘底板中发现的变异类型。

品种特性：该品种树势强壮，树冠较开张，多呈开心形。结果枝长32厘米左右，粗0.67厘米，混合芽椭圆形。果前梢长而大，芽量多，能连年结果，丰产、稳产。抽生强壮枝多，无效细弱枝少，形成的结果枝多而粗壮。单果枝着生总苞适中，空苞率低，基部芽也能抽枝结果，短截修剪效果好。结果母枝粗壮，形成雌花容易，雄花序斜生，6月上旬盛花，9月初成熟。总苞椭圆形。单苞重100～120克，平均含坚果2.8粒，单粒重18克。坚果椭圆形，红褐色，光亮美观，大小整齐饱满。果肉黄色，质地细糯、香甜，涩皮易剥离。坚果含水率59.5%、糖22.5%、淀粉65.6%、蛋白质7.3%，不粘底。该品种果实成熟早、果大、丰产性强，为早熟、丰产、品质优良、较耐贮藏的炒食加工品种。

适宜密植，株行距丘陵山区3米×4米至3米×5米，河滩平地4米×5米至5米×6米为宜。授粉品种宜用华丰、华光、

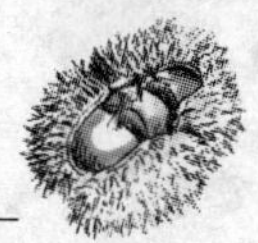

红栗1号等，配置比例可按1∶1～5∶1。树形宜采用低干矮冠自然开心形。幼树阶段对骨干枝进行拉枝开角达60°左右为宜，以增加壮枝数量。盛果期后适当加重修剪，按照树势强、中、弱，每平方米树冠投影面积分别留10、8、6条左右结果母枝，进行小回缩更新，加强肥水等综合管理，提高树体的营养水平，保持中庸偏强的树势。

11. 糯香

品种来源（原产地）：1972年于山东省莒南县实生优良单株选育而成。

品种特性：该品种成龄树冠形扁圆，树姿开张，枝条平伸至下垂。幼树生长较旺，枝条直立，结果后树姿开张，生长势明显减弱。结果枝较长，平均24.9厘米。结果母枝发枝量中等，顶端优势强。特别在干旱年份，结果母枝最前端1～2个枝生长势明显优于其后各枝，有利于连年结实。每结果母枝平均抽生结果枝2.3条，每结果枝平均结苞2.0个，平均每总苞坚果2.7粒，坚果单粒重10.0克，出实率40.2%，空苞率3%以下，混合花芽宽圆锥形，上半部紫褐色，常排成左右两列。雄花序浅黄色，平均长16.3厘米。混合花序显露初期顶端橙黄色。总苞近圆形，刺束中密，刺长1.5厘米，中硬，斜生，成熟时土黄色。苞皮厚2.0毫米，成熟时呈"十"字开裂。坚果近圆形，果皮紫褐色，光滑油亮，偶见黑褐色纵条纹。底座小至中，接线弧形。果肉浅黄色，细腻、糯性、味香甜。单粒重10.0克，大小整齐，果实含水率55.5%、脂肪7.0%、蛋白质9.17%、淀粉51.21%，9月下旬至10月上旬果实成熟。早实、丰产性强，与其他品种相比，内膛枝和下层枝有一定结实力、且有很好的短截结果习性。低温（－2～0℃）、高湿（空气相对湿度95%～100%）条件下冷藏246天，好果率达97%。糯香的耐阴性较其他品种强，树冠内膛枝和下层枝也有一定的结实力，这是一种其他品种少有的优良性状。

糯香具有极强的早实性，丰产性强。在一、二年生砧木上，嫁接后第二年结果株率达87%以上。在三年生以上砧木上嫁接第二年结果株率达95%以上，第三年达100%。9月下旬至10月上旬果实成熟，熟期较一致，约5～8天。在丘陵、河滩、瘠薄山地栽培，均表现丰产、稳产。在干旱年份也能连续结果且空苞率低。抗栗疫病的能力强，很少感染枝枯病，抗红蜘蛛能力中等。

12. 红1号

品种来源（原产地）：山东省从红栗×泰安薄壳杂交组合苗中选出。

品种特性：树冠圆头形。树势健壮，干性强。幼树期生长旺盛，新梢长而粗壮。果前梢长，大芽数量多，且充实饱满，抽生细弱枝少，强壮枝多。每结果枝着生2～3个总苞，每苞含坚果2.9个，出实率48%，空苞率2%。基部芽也能抽生结果枝。一年生枝粗壮，红褐色，嫩梢紫红色，皮目近圆形、白色、小而中密。混合芽椭圆形，中大，芽体红色，离枝着生。雄花序斜生，长16厘米，每结果枝平均着生近6条。总苞椭圆形，红色，苞皮薄，成熟时一字或十字型开裂；刺束长1.2厘米，深红色，稀而硬、粗，分枝角度大。坚果近圆形，红褐色，有暗色条纹，光亮美观，大小整齐一致，接线小波状，底座较小。平均单果重9.4克，属中、小型栗。果肉黄色，质地细糯，风味香甜，果实含糖量31%、淀粉51%、脂肪2.7%，品质优良。为耐贮藏的炒栗品种。果实成熟期9月中、下旬，与华丰、华光、红栗等品种花期基本一致，可互为授粉。该品种早实、丰产，品质优良，抗逆性较强，适应范围广，不论在山区、丘陵和河滩地条件下栽培，树体生长发育均良好，结果正常。

13. 东黄埝1号

品种来源（原产地）：1999年从山东省莒南县洙边镇东黄埝村栗园选出。

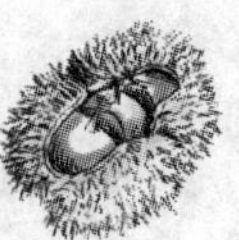

品种特性：该品种树势强壮，树冠较开张，分枝角度不大，枝条分布均匀整齐。嫁接第二年就结果，高产、稳产、优质。雄花序明显少于其他品种。平均每总苞有坚果1.8个，苞壳厚度0.14厘米，总苞重48克，出实率42%。单粒重11.3克。坚果大小整齐，色泽红褐、油光发亮，9月下旬成熟，果实极耐贮藏。该品种适应性强，抗旱、抗红蜘蛛为害。特别适合于丘陵地栽植，可按2米×4米计划密植建园。幼树应适当控制氮肥用量，并注意果前梢留5芽，进行夏剪或冬季留3～5个大芽短截，以减缓结果部位的外移。进入盛果期以后，树体不再旺长，可恢复氮肥用量。

14. 泰安薄壳

品种来源（原产地）：20世纪60年代初由山东省泰安实生树中选出。

品种特性：树冠高圆头形。幼树树姿直立，嫁接苗定植后3年进入结果期。大量结果后树势缓和，连续结果能力较强，盛果期每亩可产坚果300千克左右，且连续丰产、稳产。初结果树结果母枝较长而且粗壮，平均每结果枝着生1.9个总苞。总苞重50克左右，扁椭圆形，刺束极稀。苞皮很薄，平均每苞含坚果近3个，出实率58%，空苞率仅1%。因总苞皮薄，刺束很稀，不利于害虫潜藏产卵为害。坚果近圆形，底座甚小，平均单果重近10克，果皮棕红色或深褐色，光泽特亮，大小整齐，充实饱满，果皮薄，易剥离。栗肉细糯、香甜，果肉含水率44.5%、糖19%、淀粉66.4%、脂肪3.0%、蛋白质10.5%，品质优良，商品价值大。极耐贮藏。在泰安4月上旬萌芽，6月初盛花，9月20日前后果实成熟。栽培时宜选微酸性土壤，定植株行距3～4米×5～6米，配置华光、红栗等做授粉树，采用开心树形，保持树体健壮。栗实美观、整齐，完全符合出口标准，且抗旱、耐瘠薄，适应范围广，抗病虫能力也强，河滩、平原、山地、丘陵地均宜栽培。

15. 沂蒙短枝

品种来源（原产地）：1982 年由山东省莒南县实生树中选出。

品种特性：树体矮小紧凑，树冠伸展慢，果枝多，早花、早果性强，稳产、丰产，且抗逆性特强。极适宜在各种立地条件下密植栽培。该品种自花授粉结实能力较低，一般为 17%～23%，故栽植时必须配置授粉树。授粉树品种以树体紧凑、花期较一致、品质好、产量高的烟青、石丰为好。配置比例 6～8∶1 为宜。沂蒙短枝板栗生长缓慢，年生长量只有普通品种的1/2～1/3，80%以上结果枝长度为 10～25 厘米，幼树当年生枝条平均长 25 厘米，最长 30 厘米，顶端优势较弱，适宜采用自然开心形。沂蒙短枝板栗坐蓬（即总苞）率较高，如不合理疏蓬，坚果单粒重变小，直接降低栗实质量。砧木以实生板栗为最好。据十几年来对该品种嫁接植株的调查：实生板栗砧亲合力强，且生长旺盛，无生理病害出现；红栗实生苗作砧木，嫁接成活率不足 50%；锥栗和茅栗作砧木嫁接沂蒙短枝板栗成活率极低，表现不亲合。沂蒙短枝板栗易遭受桃蛀螟、栗大蚜等及食叶害虫的为害。沂蒙短枝板栗 9 月下旬成熟，成熟时呈一字形开裂，采收的最好方法是栗实落地捡拾。

16. 浮来无花

品种来源（原产地）：1996 年于山东省莒县浮来山发现的一株雄花序全部退化的板栗实生单株。

品种特性：浮来无花板栗母树生长健壮，树冠开张。主干光滑无翘皮，树冠圆头形，结果母枝粗壮，混合花芽中大。结果枝混合花序较普通品种明显偏多，每果枝 3～5 序不等。雌、雄花序比约 1∶1。当雄花序长到 1.5～2 厘米时即萎蔫脱落，但混合花序先端的雄花序发育良好，花粉量较大。雄花带以下的基部小芽段长 5～10 厘米，有芽 3～5 个，明显多于普通品种，短截后可抽生 2～3 条壮枝，平均每果枝自然坐苞 2～3 个。总苞椭圆

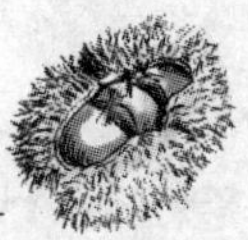

形，较大，平均单苞重 76.3 克，苞皮较薄，厚 0.22 厘米，出实率高达 49%；成熟时刺苞呈一字形或十字形开裂，每苞含坚果 3 粒者居多，平均 2.9 粒；刺束长 1.4 厘米，成熟前呈黄绿色，较硬，分枝角度较大。坚果多为椭圆形，外种皮红棕光亮，密布细短茸毛，有暗褐色条纹，略突起。接线如意状，底座中大。坚果饱满，较整齐，平均单果重 12.8 克，15 克左右的占 30%以上。属北方炒食栗，果肉黄色，质地细糯，香甜适口，涩皮易剥离，品质上等，与普通优良炒食栗品种无异。颇耐短截修剪，休眠期对 1 年生壮发育枝留饱满芽、结果母枝留基部芽短截，均可抽生健壮的果枝，这对控制结果部位外移并缓慢扩冠极为有利。当年采用粗壮接穗高接，抽生的新枝也能形成较多的雌花，该品种自花授粉结实率高，该品种母树定植当年为二年生便开始结果，幼砧嫁接苗定植后也是第二年开始结果，第三年即进入初盛果期。利用二三年生普通板栗品种树高接 3～5 枝，当年结果株率高达 90%，翌年进入盛果期，平均株产 3.1 千克，第三年平均株产 5.7 千克，树冠投影面积产量水平明显超过母树。该品种具有极显著的早实性、良好的适应性、丰产性和抗逆性。9 月下旬果实成熟。该品种雄花序全部退化的性状遗传稳定，并特别早实、丰产、个大、质优，适应性好，抗逆性强，是国内已发现的无花栗中综合性状最好的一个。

17. 华丰

品种来源（原产地）：山东省果树研究所杂交育成。

品种特性：树冠开展，呈圆头形。幼树生长旺盛，母枝粗壮，基部芽结实能力强，雌花容易形成，早实丰产，抗逆性强。总苞椭圆形，重 40 克；每苞平均着生坚果 2.9 个，出实率 56%；坚果大小整齐，色泽美观，果肉细糯香甜，单粒重 9 克，品质优良。2 年生实生苗定植后当年嫁接，第二年结果，接后 2～4 年产量 178.3 千克/亩，成龄幼树嫁接 3～7 年产量达到 310 千克/亩，7 年 427 千克/亩。9 月中旬成熟，耐贮运，适宜炒食。

适于短截控冠修剪和密植栽培。

18. 华光

品种来源（原产地）：山东省果树研究所杂交育成。

品种特性：树冠呈圆头形，总苞椭圆形，重43克，每苞平均坚果3个，单粒重8.2克，坚果大小整齐，外形美观，果肉细糯香甜。幼树生长旺盛，大量结果后生长势缓和，结果早，丰产稳产，嫁接后3年产量178.6千克/亩，7年可达到337千克/亩。9月中旬成熟。耐贮运，适宜炒食。

（二）燕山板栗品种

1. 燕魁　又称107、燕山奎。

品种来源（原产地）：1973年河北省迁西汉儿庄乡杨家峪实生树中选出。

品种特性：树冠为自然开心形，树姿开张，分枝角度大。树冠内枝条疏生，果前梢较长，雄花序较长，幼树雄花序长20～30厘米。果枝率71.3%，结果枝平均结栗总苞1.85个，总苞出籽率高，空苞率低，平均苞内含坚果2.75粒。总苞大，单苞重64.8克，成熟时总苞呈一字开裂。坚果圆形，平均单粒重10克左右，棕褐色，有光泽，茸毛中等。果肉质地细腻、香甜、糯性，果肉黄白色，品质上等。果实含糖21.2%、淀粉51.98%、粗蛋白3.72%。9月中旬成熟，栗果个大、整齐。其适应性强，易管理，耐贮性强，丰产性能及结果能力较好。适宜建园密度4米×4米。建园时需配置授粉树。该品种结果尾枝细长，修剪时以轮替更新为主。在薄土层山地辅以扩穴施肥，适当控制母枝留枝量。注意要选用自身种子做砧木苗进行嫁接，避免嫁接不亲和现象。

2. 早丰　又称3113、燕山早丰。

品种来源（原产地）：1973年河北省迁西汉儿庄乡杨家峪实生树中选出。

品种特性：树冠圆头型，树姿半开张，分枝角度中等。结实

性强，果枝率79%。雌花5月下旬开放，9月上旬成熟。结果枝平均结栗总苞2.42个。总苞小，单苞重46.8克。坚果圆形，果皮褐色，茸毛少，光泽，光亮。平均单粒重8克左右，大小均匀。果肉含糖量高，在20%以上，含淀粉51.34%、粗蛋白4.43%。果肉质地细腻、香甜、糯性，果肉黄白色，熟食品质上等。早果，嫁接后次年结果，丰产性能及结果能力较好。适宜建园密度3米×4米。因幼树结实量大，在大量结果时，要求补充足够养分，或在幼果期疏栗苞，以调节树体营养，避免出现小果或空苞。应注意母枝量不要过多，树冠投影面积母枝留量6～8个/米^{2}为宜。

3. 燕山短枝　又称大叶青、后20。

品种来源（原产地）：1973年河北省迁西东荒峪乡后韩庄村实生树中选出。

品种特性：该品种树体矮小，树冠紧凑，枝条短粗、节间短。嫁接幼树平均枝长21.5厘米，枝粗0.67厘米，节间1.5厘米，母枝平均抽生果枝2.15个。结果枝平均结总苞2.94个，总苞大，椭圆形，重67.84克。刺束密而硬，斜生，成熟时呈一字开裂。苞内坚果平均2.8个，出实率40%左右。坚果椭圆形，果皮深褐色，光亮，茸毛少，平均单粒重9.26克；果粒整齐均匀，果肉含糖量高，在20%以上，含淀粉50.85%、蛋白质5.89%。果肉细腻、香甜、糯性，黄白色，涩皮易剥离，适于炒食，品质上等。雌花在5月下旬开放，9月中旬成熟。嫁接后第三年开始结果，第四年平均株产1千克。在密植条件下亩产可达220～250千克。树势健壮，极抗病虫，具有较强的丰产性和适应性。授粉树配置以燕山早丰和燕山魁栗为适宜。该品种适宜栽培的株行距为2米×3米。

该品种幼树生长旺盛，栽培中轮替更新控冠修剪，延长密植园的高产年限。应注意母枝量不要过多，树冠投影面积母枝留量6～8个/米^{2}为宜。树形宜采用自然开心形和疏散分层形，要注

意开张角度。盛果期修剪应疏、缩结合，合理培养、利用挂枝，及时回缩控冠，保持良好的通风透光条件，促进主体结果。同时要适当增加肥水供给，加强土壤管理，以维持一个相对稳定的产量。

4. 燕红　又称北京1号、燕山红栗。

品种来源（原产地）：1974年北京市昌平黑寨乡北庄村实生树中选出。

品种特性：树形中等偏小，树势中庸，树体生长紧凑，分枝角度小，较直立。早果、高产、抗病能力强。结果母枝连续结果能力强，每个结果母枝平均抽生结果枝2.4个。每个结果枝平均着生1.4个总苞。单苞重50克左右，呈椭圆形，平均每苞有坚果2.0个，苞壳厚0.17厘米，出实率44%。坚果深红棕色，美观有光泽，单粒重11.0克。果肉味甜、糯性，含糖量高，在20.25%以上，含蛋白质7.07%，品质中上等。坚果大小整齐，色泽深而亮，含水少，耐贮藏。商品性状好。9月下旬成熟。燕红适合于丘陵地栽植，可按2米×3米计划密植建园，选用石丰、东黄埝1号做授粉树，园相整齐，由于结果母枝数量较大，应注意加重修剪，并多进行重短截修剪培养预备枝；雄花序带内常有大芽出现，可进行短截修剪以减缓结果部位外移。该品种对缺硼敏感，4年左右施1次硼肥，施硼肥的当年适当增加钾肥的用量。另外注意保护果前梢叶片，防止早落。

5. 大板红　又称大板49。

品种来源（原产地）：1974年河北省宽城县碾子峪乡大板村小沟门实生树中选出。

品种特性：树冠圆头形，树势健壮，树姿开张，树冠紧凑。结果母枝可抽生果枝2.06个，结果枝总苞平均为1.75个，总苞平均有坚果2.8个。坚果圆形，果个大，红褐色，有光泽，平均单粒重8.2克。果粒较整齐，肉质细腻、味甜，糯性强；果肉黄白色；果肉含糖20.44%、淀粉61.22%、粗蛋白4.82%，品质中上等。雌花在5月下旬开放，9月下旬成熟。丰产性能及结果能力好，连续结果能力强，嫁接当年即可结果。适应能力强，抗旱、耐瘠薄。适宜栽培密度2.5米×4米，一般管理可获丰产。该品种幼树生长旺盛，可进行拉枝开张角度，刻芽、抹芽促分枝。

6. **紫珀** 又称北峪2号。

品种来源（原产地）：1978年河北省遵化市北峪村实生树中选出。

品种特性：树冠半圆形，树姿半开张，幼树长势强，扩冠快，大量结果后树势由强转弱。结果枝为中、长类型，疏密中等。平均每母枝有果枝3.0个，每枝着生总苞6.93个，每苞有坚果2.48个，出实率45.5%。总苞大，扁圆形，刺束密、硬度中等，苞壳厚0.23厘米，刺长1.31厘米，一字或十字开裂。坚果扁圆形，深褐色，茸毛少；具光泽，鲜亮；果粒大小均匀，平均单粒重10克；每100克鲜果总糖含量37.6%、蔗糖6.39%、蛋白质23.22%，维生素C 30.87毫克，优质果率高。果肉细腻、糯性强、香甜、黄白色，品质极上。该品种表现为早实、稳产、果粒整齐、成熟期集中、性状稳定、易控冠。在不同立地条件下栽培表现抗逆性强、丰产、树体健壮、抽生壮枝比率高，抗蛀果害虫，能减轻栗瘿蜂为害。果实9月中旬成熟，是综合性状优良的矮密栽培品种。适宜建园密度为2～4米×3～5米，建园时需配置授粉树，遵达栗、遵化短刺、东陵明珠等品种均可；采用短截控冠效果明显，结果期母枝短截后，果枝抽生率为72.3%，单枝着总苞量高于不截枝条。长、短结合控冠修剪为主，控制结果部位外移。

7. **怀九**

品种来源（原产地）：北京市怀柔板栗试验站选育。

品种特性：树形多为半圆形，主枝分枝角度为50°～60°，结果母枝平均长度为65厘米，平均粗度为0.85厘米，属长果枝类型，耐短截。果前梢较长，平均长度为25厘米，每个果前梢平均有9个混合芽，芽为圆头形。结果母枝平均抽生结果枝2.06条，结果枝占44.60%，每个结果枝平均着生栗总苞2.37个。总苞椭圆形，中等大，刺束中密，平均重64.7克，苞壳厚0.45厘米，出实率为48.09%。总苞平均含坚果2.35粒。坚果圆形，鲜果单粒重7.5～8.3克，属小粒型，种皮栗褐色，有光泽，茸毛较少，坚果种脐较小。适宜炒食。适宜密植。

8. 怀黄

品种来源（原产地）：北京市怀柔板栗试验站选育。

品种特性：树形多为半圆形，树姿开展，主枝分枝角度为60°～70°，结果母枝平均长度为32.87厘米，平均粗度为0.75厘米。一般情况下，短截后均能结果，适宜密植。果前梢较长，平均长11.5厘米，果前梢平均有7个混合芽，芽为圆形。总苞椭圆形，中等大，刺束中密，平均重56.6克，苞壳厚0.4厘米，出实率为46.03%。结果母枝平均抽生结果枝1.85条，结果枝占45.45%，每个结果枝平均着生总苞2.33个，苞内坚果平均2.24粒。坚果为圆形，鲜果单粒重7.1～8.0克，属小粒型，皮色为栗褐色，有光泽，茸毛较少，坚果种脐较小。适宜炒食。

9. 替码珍珠

品种来源（原产地）：1990年河北省迁西县牌楼沟村实生树中选出。

品种特性：该品种最大特点是结果后有30%的母枝自然干枯死亡，由母枝基部的瘪芽抽生的枝条有12%当年形成果枝。因母枝具有自然更新的特性，使树冠紧凑，母枝和替码同时结果，即树冠内、外结果。幼树树势较强，树姿半开张，控冠能力强，省工、省力，适于密植，果实品质优。总苞平均坚果2.56个，坚果大小均匀，平均单粒重8克左右；果皮深褐色，有光泽，果肉黄白色，易剥离，肉质细腻，糯性强，香味浓。果实含糖18.07%、淀粉53.41%、蛋白质7.83%、脂肪7.21%、维生素C 167 毫克/千克。适宜糖炒、鲜食和加工。在迁西 4 月 10 日萌芽，9 月中旬成熟。抗旱和耐瘠薄能力强。适应性强，适宜在 pH5.6～7 的片麻岩山地及河滩沙地发展。为提高前期单位面积产量，可密植栽培。土壤条件较好可按 2 米×4 米栽植，土壤条件较差可按 2 米×3 米栽植。

板栗幼树期不强调树型结构，随着树龄增加和枝量增多，逐步伐除过密枝和重叠枝，打开层间距，在层内培养结果枝组。用截强壮留中庸、截直立留平斜的轮替更新修剪法。

10. 燕明　又称 84-3。

品种来源（原产地）：1984 年河北省抚宁县后明山村实生栗树中选出。

品种特性：树势较强，半开张，母枝健壮，连续结果能力强，在常规管理水平下，母枝可连续 4～5 年结果，平均母枝抽生果枝 2.75 个，果枝结总苞 4.82 个，总苞平均有坚果 2.63 个。坚果椭圆形，大小整齐，平均单粒重 10 克左右，深褐色，有光泽，出实率为 35.30%；含可溶性糖 16.07%、淀粉 60.34%、蛋白质 11.01%，香、甜、糯俱佳。果实 9 月下旬成熟，成熟期晚，蛀果害虫少。该品种与其他品种间均具有较强的亲和力，嫁接成活率高，幼树生长旺盛，结果早，产量高，抗逆性强，耐瘠薄，抗旱、抗病，适应能力强。适宜在 pH5.6～7.0 的干旱片麻岩山地及河滩沙地栽培。可密植。

11. 遵玉

品种来源（原产地）：河北省遵化林业局魏进河板栗良种繁育场 1994 年以垂栗为父本，以燕山魁栗为母本人工杂交培育出的一个优良新品系。

品种特性：该品种树冠紧凑，冠径相当于正常树冠的 2/3，适合高密度矮化栽培。用普通板栗实生苗做砧木嫁接，表现出良好的亲合性。树势稳定，控冠容易，早果及丰产性极强，一般嫁接或高接树当年即结果，第三年亩产可达 295 千克，果枝率

71.1%。母枝短截后抽生果枝能力强，果枝抽生率可达72.4%。总苞中等大小，椭圆形，刺束中等偏稀，刺较短，斜生，一字或十字开裂，苞壳较薄，出实率平均在40%左右；坚果椭圆形，果皮紫褐色，色泽光亮，茸毛少。肉质细腻、性糯，风味甜，香味浓。果粒整齐均匀，单果重9.7克，总糖含量37.91%，每100克鲜果含维生素C 25.28毫克。嫁接亲合性优于母本，早产、丰产性优于父本，适宜密植，具有良好的抗病虫、抗逆性。适宜的栽培密度为1.5～3米×2～4米。进入大量结果期，要适当加大修剪量，每平方米投影可留母枝8～10个，同时短截配备40%～50%预备枝。由于该品种早果、丰产性突出，在土壤过于瘠薄的栗园应加强肥水管理。在遵化市魏进河板栗良繁场，9月18日左右果实进入成熟期。

12. 东陵明珠　又称西沟7号。

品种来源（原产地）：1974—1978年于河北省遵化县西沟村选出的优良单株，树龄39年。

品种特性：树冠扁圆形，树姿开张。幼树生长势强，发枝量大，结果后长势减缓，树势中庸。结果枝中长，枝条疏密中等。雄花序较多，果枝全长与盲节之比为21，结果系数75.30，无空蓬。每平方米投影产量0.86千克，结实力强，早实、丰产。总苞中等大小，刺束疏密中等，斜生，黄绿色，短刺座，一字或十字开裂。坚果椭圆形，红棕色，油亮，茸毛多，底座大，接线直。果粒大小整齐，单果重8克，果肉细腻、糯性、香味浓，每100克果实含总糖22.26克、淀粉53.16克、粗蛋白7.02克。果实耐贮藏。出实率43.3%，母枝连续3年结果枝率74%，大小年不明显。

该品种自花授粉结实力低，可选塔峰、遵化短刺作为授粉树，结果母枝短截后结蓬数明显减少，但以夏剪摘心代替冬季短截则可大大提高母枝结蓬率。丰产性强，栗果个头整齐，品质好，适应性较强。

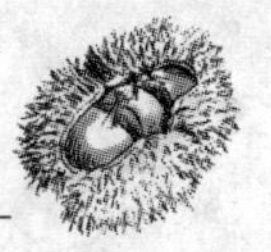

13. 遵化短刺　又称官厅7号。

品种来源（原产地）：1974—1978年于遵化县建明乡接官厅村北河滩上选出的优良单株，母树龄39年。

品种特性：树冠圆头形，半开张，结果枝为中、长类型，疏密中等。嫁接幼树长势强，早期丰产，结果后树势变中强。幼树嫁接后第二年平均株产达0.25千克。连续4年调查，母树投影产量稳定在0.57～0.65千克/米^{2}之间。果枝率59.1%，每母枝有果枝2.38个，平均每果枝结总苞1.75个，每苞有坚果2.18个，结果系数82.72。空蓬率低，仅为5.27%。总苞中大，扁椭圆形，刺束较稀，刺短、皮薄。坚果椭圆形，红褐色，有光泽，茸毛少，平均果重9克左右。大小均匀，果肉细腻、糯性、味香甜。该品种自花结实率87.5%，可选塔峰、东陵明珠作授粉树。结果母枝短截后仍可抽生果枝连续结果，是板栗矮密栽培的理想品种，并可减轻栗瘿蜂的为害。品种株产和投影产量较高，该品系嫁接在山薄地三年生砧木上第二年平均株产达0.25千克。出实率43.3%，母枝连续3年结果率86.2%，稳产。早实、丰产性强，品质上等。结实力优于其他单系，其幼树早丰后树势较缓，母枝适宜短截修剪，是板栗矮密栽培的理想优种。

14. 遵达栗

品种来源（原产地）：1974—1978年于河北省遵化县大刘庄乡达志沟村选出的优良单株，母树龄34年。

品种特性：树冠半圆形，半开张，结果枝中长。生长势强，幼树发枝多，平均每母枝发枝6～7个。果枝率41.4%，平均每母枝有果枝3.04个，每果枝结总苞1.50个，每苞平均2.25粒，结果系数68.43。大小年不明显。母枝短截修剪能连续结果。坚果椭圆形，深褐色，油亮，茸毛少。单果重6.7～7克，整齐度高，每千克142～150粒，果肉黄色，肉质细、糯性、味甜，香味浓，品质上。果实总糖含量23.95%、粗蛋白7.15%、淀粉52.9%。遵达栗丰产性强，结实力高，适应性强，在不同地形及

土壤条件下均可获得较高产量。结果母枝短截后仍可抽生果枝连续结果，并可减轻栗瘿蜂的为害，是一个较理想的丰产优种。

15. 塔丰

品种来源（原产地）：1974—1978 年于河北省遵化县西下营乡塔寺村选出的优良单株，母树龄 24 年。

品种特性：母树树冠圆头形，树姿开张，幼树枝条为中、长类型。幼树生长势强，发枝量大，扩冠快。平均每母枝抽生果枝 7.56 个，果枝率 41%，每果枝结总苞 2.11 个，每苞坚果 2.46 个，结果系数 108，空蓬率为 2.23%。母枝连续 3 年结果率 84%，坚果中等大小，每千克 139 粒，赤褐色，有光泽，茸毛少。肉质糯性、味香，品质上等。果实含总糖 26.29%、粗蛋白 6.72%、脂肪 3.06%、淀粉 54.13%。每 100 克果肉含维生素 B_1 0.31 毫克、维生素 B_2 0.34 毫克、维生素 C 14.28 毫克。丰产性好，大小年不明显。成熟期 9 月上旬。塔丰自花授粉坐蓬率低，异花授粉能明显提高结实率，栽植时应注意配置授粉树。母枝适宜短截，适宜密植栽培，集约管理。在过于干旱瘠薄的山地栽培表现果粒稍小，应选择立地条件较好的地区栽培。

（三）其他地区板栗品种

1. 豫板栗 3 号　又称确红栗。

品种来源（原产地）：河南省确山县林业局选育的板栗新品种。

品种特性：在当地表现丰产、稳产，品质优良，耐贮藏，豫板栗 3 号树形以自然开心形为主，其特点是树冠无中心干，只有 3～4 个自然斜生的主枝，树冠稍矮而开张，内膛通风透光良好，适于密植。

2. 镇安 1 号

品种来源（原产地）：陕西镇安 1 号是从实生树中选育出的板栗新品种，特别适合于山地栽培。

品种特性：树冠圆头形，树形呈多主枝自然开心形，树势开

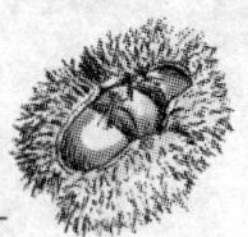

张，自然分枝良好，结果母枝长 26 厘米，总苞圆形，针刺长 2.3 厘米，每丛 8～12 根，平均每苞坚果 2.5 个，坚果大，扁圆形，果皮红褐色，有光泽，种仁涩皮易剥离。4 月中旬芽萌发，9 月 24 日果实成熟。该品种嫁接后第二年就可以挂果，平均单籽 13.15 克，坚果纵径 2.72 厘米、横径 3.15 厘米，出籽率达 35.3%，树冠投影产量为 0.25 千克/米^2，早实、丰产。果实可溶性糖含量 10.1%、蛋白质 3.68%、脂肪 1.05%、维生素 C 376.5 毫克/千克，品质优良，有丰产、抗旱、抗病力强、耐瘠薄等特性。该品种在山地建园时宜采用 3 米×4 米的株行距，树形宜采用自然开心形。花期喷施 0.3%的硼肥可以减少空蓬率，注意适时采收，采后及时清园。

三、丹东栗

丹东栗栗果呈三角形，枝条多为红褐色，细长，叶片窄，涩皮不易剥离，属于日本栗血统，在丹东地区栽培年限较久。生长较好，很丰产，每年有批量加工后脱皮栗销往日本。辽宁省经济林研究所培育出辽丹 61、辽丹 58、辽丹 15 三个优种，可在丹东地区推广。

四、我国栗属植物野生资源

1. 野生板栗

品种来源（原产地）：湖北省主要分布在神农架、长阳、秭归、兴山、宜昌等地。

品种特性：是一种小乔木，果粒很小，生长 1～2 年就能结果，有成串结果习性，叶片短小，叶背面有茸毛，野生板栗砧木有矮化趋势，并认为它是板栗的原始种。但我们的初步调查发现，湖北省的野生板栗主要分布在鄂西的较高山地，多为高大乔木，与板栗的区别在于坚果小（单果重 3～5 克），颜色暗，茸毛多，成熟期在 10 月下旬至 11 月上旬，坚果风味比板栗甜，极耐贮藏。用野生板栗播种的实生苗尚未表现出早期结果及成串结果的习性，用作砧木与板栗嫁接的亲和性很强。同时我们在有关植物志上也尚未发现野生板栗的矮化及早期结果性状，耐瘠薄、坚果品质好及与栽培板栗的嫁接亲和性强的特性可利用作板栗的育种材料和砧木。

2. 茅栗

品种来源（原产地）：湖北省的茅栗主要为野生分布，仅有野生种，分布在神农架、鄂西、鄂南的通山、咸宁，大别山的罗田、麻城、大悟、孝感及武汉的黄陂、武昌等地。

品种特性：茅栗居群多分布在200～600米的山地，树体矮化，耐瘠薄，多为灌木、小乔木，生长1～2年的幼树便能结果，并具有成串结果的习性。总苞小球形，刺束较稀疏，每总苞多为3个坚果；坚果很小，单果重2克左右，每千克400～600粒；叶背为鳞片状腺点，这是茅栗区别板栗的最根本的特征。果实成熟期在10月中旬以后，味甜耐贮藏。能丰产、稳产，对栗实象鼻虫的抗性比板栗强。黄陂茅栗的抗逆性强，早期丰产性好。一般茅栗与板栗嫁接不亲和。与板栗嫁接亲和性强的特性可为板栗矮化砧木的筛选及杂交育种提供新材料。武汉市的黄陂北部山区的蔡店、石门等地发现一与板栗嫁接亲和性很强的茅栗居群，在苗圃地用茅栗作砧木嫁接板栗成活率在50%～75%之间，少数可达85%以上。

3. 锥栗

品种来源（原产地）：湖北省锥栗为野生分布，分布地为咸丰、利川、鹤峰、建始、五峰、巴东、神农架、兴山、丹江口、崇阳、罗田等地。

品种特性：多生长在600～2 000米的山地。树为乔木。总苞小，每苞仅有1个坚果，这也是锥栗与板栗和茅栗相区别的显著特征。锥栗与板栗嫁接的亲和性较低。锥栗品质好，有较大的食用价值。

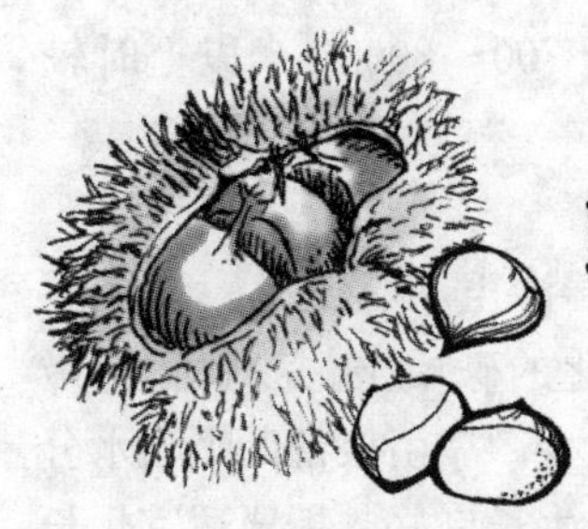

第三章 园地选择与栗园建立

一、板栗对自然环境条件的要求

（一）光照

板栗是强喜光树种。花期光照充足、空气干燥，开花坐果良好。花期光照不足，会引起生理落果。在日照不足6小时的沟谷地带，树冠抱拢，枝条直立而徒长，枝细叶薄，老干易秃裸，产量低，品质差。因此，栗树宜栽于日照充足的阳坡、半阳坡或开阔地带，如在平地发展，必须考虑定植密度、行向、树形等适于单株和群体能充分受到光照为宜。

（二）温度

北方板栗较抗旱、耐寒，适于生长的年平均气温为10～15℃，生长期（4～10月）平均气温为16～20℃，花期适温为17～27℃，冬季绝对最低气温不低于－25℃。年平均气温在7～8℃的地方，虽然板栗也能生长结果，但因生长期短，冬季抽条严重，不能进行经济栽培。冬季气温低于－25℃的地方，板栗不能正常结果。所以温度是限制板栗向北发展的主要因子。南方板栗要求平均气温15～18℃，≥10℃积温4 200～4 500℃。

（三）降水量

板栗较耐旱，对降水量的适应性极强，年降水量在450～2 000毫米的范围内，均可正常结果。北方栗区的年降水量多在500～800毫米，适于栽培板栗，但板栗具有喜水特性，北方栗区有“旱枣、涝栗”之说，在年降水量700～800毫米以上时较易丰产。

（四）土壤

板栗对土壤的适应性较广，除极端沙土和黏土外，均能生长，但以母质为花岗岩、片麻岩等风化的砾质土、沙壤土为最好。板栗为喜酸、需钙植物，板栗根毛少，靠菌根帮助吸收水分和养分，菌根只有在酸性的土壤环境中生长良好。板栗适宜生长的土壤pH为4.5～7.0，以pH 5.5～6.5为最适宜，pH超过7.5则黄化死亡。碱性土并不直接对板栗树产生危害，栗树为多锰植物，其叶片含锰量可达0.36%，当土壤pH超过6.74时，锰便处于不溶或难溶状态，影响吸收，使栗树含锰量显著降低，含镁量和含磷量也明显减少，从而导致叶片黄化，生长不良。板栗对硼的需求量较大，硼不足时使栗树坐果率降低，出现大量的空蓬。

（五）地势

板栗在山地、平原均可栽植。在北方，一般海拔超过800米的地方不适于板栗生长，不宜作为板栗的经济栽培地。板栗对坡度要求不严格，在10°～15°的缓坡，由于土层深厚，排水良好，便于土、肥、水管理。15°～25°坡地易发生水土流失，必须在建园时搞好水土保持工程。30°以上的陡坡，不便于水土保持及肥水管理，不宜作为板栗的经济栽培地，但可作为经济林和绿化树来经营。平地栽植板栗，也应选择地下水位较低的地块，常年积水的地块不宜栽植板栗。

在坡向的选择和利用上，必须因地制宜，综合考虑。以南坡和偏南坡为宜。东北坡和西北坡，冬、春季节受寒冷的东北风和西北风影响，枝干易受冻害，北坡日照不足，枝条易徒长，结果不良。若在低矮丘陵地植树，遮阴不大，北坡也可以利用。

（六）风和其他

板栗为风媒花，开花期间如有2～3级轻风或微风有助于授

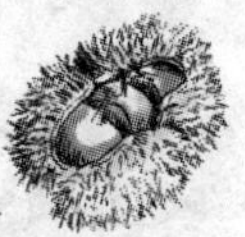

粉，强风则不利于授粉。栗树叶片较大，抗风力较弱。栗树不耐烟害，在化工厂附近，空气中氯和氟积累时，栗树最易受害，生长不良。

二、园地选择和规划

（一）园地的选择

根据板栗喜光、抗旱、喜酸性土壤的特点，建园时要选择背风向阳、排水良好、土壤 pH 在 7.0 以下的沙壤或沙质土的地块。要避免在土壤黏重或处于风口的地块建园。一般中、低山区的山坡顶部，风大、土薄，不宜栽植板栗，应选土、肥、水条件较好的山坡中、下部或平地栽植。

（二）栗园的规划

选好园地之后，为了便于管理，进行集约化栽培，首先要进行认真的规划。对小区、道路、排灌系统及防护林等进行统筹合理的安排。一般山地栗园沿着分水岭在山坡顶部设置防护林系统，并作为小区的界线，每 45～90 亩作为一个作业区，设置出合理的主干道及作业道，从上而下修筑好排灌渠道。

三、整地

板栗是长寿树种，一载栽树，百年受益。因此栽植时整地基础的好坏，直接影响着其结果的早晚、树势的好坏及丰产年限。所以，要根据板栗根系的特性，做好栽植前的准备工作。

北方片麻岩山地的主要特点是土壤干旱、土层很薄、水土流失严重、天然降水少，要想使板栗丰产，必须按着“聚流理论”，充分聚集地表径流，做好水土保持工作，适宜的整地方法为隔坡沟状梯田整地，也称为“围山转”工程、等高撩壕。除此之外，整地方法还有垒谷坊法及树坪鱼鳞坑法等。

（一）隔坡沟状梯田

1. 整地规格　在 25°以下的坡面，按等高差 4 米确定基点，

通过各点由上至下，修成2～2.5米宽的外高内低“里存水”的台面，整地深度为1～1.2米。在台面内侧挖深15厘米的泄水沟以利排水。在相邻的两个台面之间，保留一段原来状态的山坡，称为隔坡。隔坡像一堵稳定的硬墙，可防止梯田被雨水冲坏，坡面上产生的地表径流可为下面的台面提供储蓄的水分。隔坡的宽度视干旱程度及坡度而定，坡度越陡、降水量越少，隔坡应越宽，一般为2～3.5米。台面的走向基本上是沿等高线按自然坡形修筑，台面总体上保持0.3%～0.5%的比降，以便排除过多的径流及有利于灌溉。在台面上，每80～100米设一条纵向的排水沟，且要选在有坚硬岩石处，否则要用石块和水泥进行浆砌。栗树栽植于埂内厚土处，隔坡坡面可种植紫穗槐或生草护坡（图3-1、图3-2）。

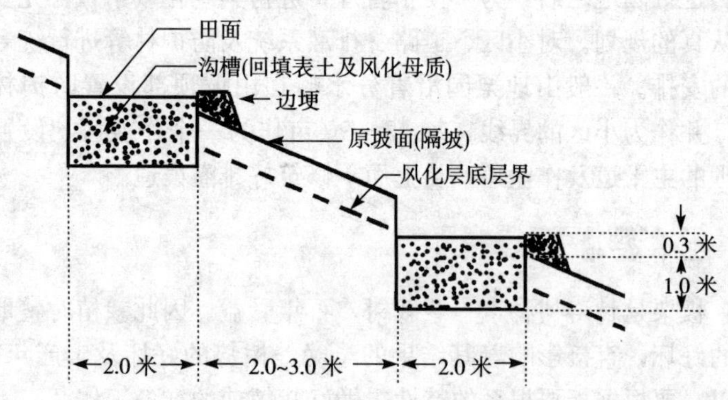

图3-1　隔坡沟状梯田示意图

2. 测量定线　修建隔坡沟状梯田时要先进行测量。首先在有代表性的坡面上选一个起点，作为基准点。钉上小木桩，标上行号、桩号，用水准仪由此开始按0.3%～0.5%的比降进行测量，每10米左右钉一小木桩，并记上行号、桩号，直至第一排结束。然后按4.5～5.5米的距离依次测出第二条沟、第三条沟的基准点。对坡度较大的山坡，每4～5行要调整一次，沟间距

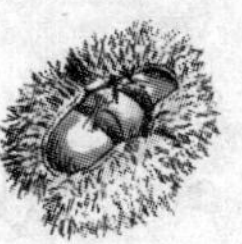

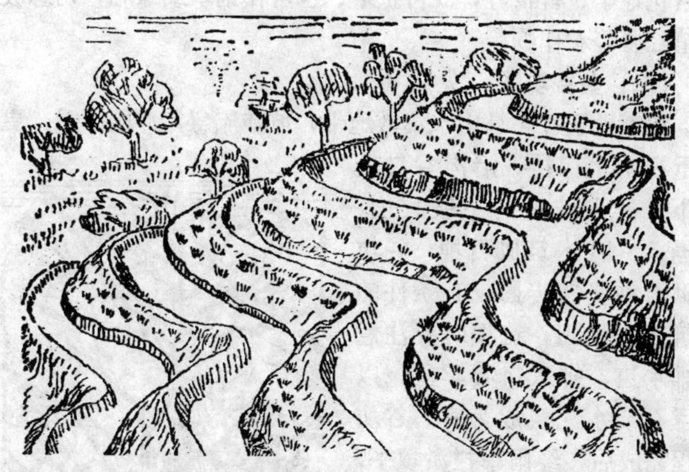

图 3-2 隔坡沟状梯田整地形式

过窄（<3.5 米）的要减行，过宽（>8 米）的要加行。最后用白灰沿每排木桩的位置随弯就势撒一条白线，即为梯田外沿。

3. 爆破施工 在最下面一条沟的白线以内约 100 厘米，定为沟状梯田的中心，将表土先清出，放在上面的隔坡上，基本上露出半风化层或母质，然后每 1.5～2 米打一个深 80～100 厘米的炮眼，装土制炸药 300～500 克，对坚硬半风化及未风化母质层进行爆破。爆破后从一端开始，挖 1～2 米深、2～2.2 米宽的梯形沟，清出大石块放在梯田的外坡，沟内留下碎石块及风化渣，然后将隔坡上面的表层土回填，不够时，再从隔坡表层取一点。最后修成外高里低的小反坡田面，外沿高出里面 20～30 厘米，在里边靠隔坡处修一条深 20 厘米的排、灌两用水沟，俗称“外撅嘴、里存水，旱贮涝排保供给”。施工顺序为由下而上。

有条件的地方，结合整地，可在沟中施用秸秆或有机肥，以改良土壤。整地时间最好在雨季来临前或收秋过后，切忌雨季施工，以防洪水冲垮坡面。整好地后，坡面可人工种植高效牧草，如紫花地丁、苜蓿等，既可护坡、也可作饲草或绿肥，切忌坡面种植红薯等农作物。

（二）垒谷坊法

沟壑地及谷坊是山水集散地带，坡陡流急，冲刷严重，更需要重视水土保持。沿沟谷自上而下，按沟坡度的急缓程度，每隔 5～10 米筑成石坝，谷坊坝砌石须坚实牢固，有条件的可筑成水泥坝。筑坝时要注意留排水道，排水口要牢固，以用巨石或水泥筑成为宜。谷坊工程完成后，经雨季拦淤填平，形成台田，其土层深厚，土质肥沃，适宜栗树生长（图3-3）。

图 3-3　垒谷坊栽植

（三）树坪鱼鳞坑法

坡度在 25°以上，地块零散，可因地制宜修筑树坪。先在局部范围内将坡面找平，用石头砌成半圆形或方形树坪，使之起到局部保土蓄水作用。树坪横向直径不小于 2.5 米，纵向直径不小于 2 米。坪面保持外高里低的形式，以利蓄水，内侧两端要留溢水口，雨量过大时可以排水（图 3-4）。

在较薄的荒山陡坡，可采用挖鱼鳞坑法。挖鱼鳞坑法应水平定坑，等高排列，坑距 4～5 米，上下坑错落有序，呈“品”字形，整个坡面构成鱼鳞状，在雨季可以层层截流雨水。一般应在栽树的上一年雨季挖坑，并结合土壤改良，填土应稍低于地面，以利蓄水。修筑时由上坡取土垫于下坡，坑的外沿培一高出地面呈弧形的埂，埂高 40 厘米，底宽 60 厘米。埂土要夯实，两侧留出溢水口，两坑间隙生草护坡，坑内填土栽植。

图 3-4 树坪鱼鳞坑栽植

四、品种选择与授粉树配置

（一）主栽品种的选择

每个地区要根据具体情况，确定出本地的 2～3 个最佳发展品种，逐渐统一，形成规模。在新建园时，应在规划品种内选择主栽品种。

（二）授粉树的配置

山地成片建园时，授粉树的数量不得少于 30%。为了管理方便，其配置方式可采用隔两行栽一行的成行配置。小面积栽植时，可采用梅花式隔株配置。总的原则是离授粉树的最远距离在 20 米以内。

虽然说板栗是异花授粉、异花结实，但也不是所有两个品种间相互授粉都具有同样的丰产性，品种组合不同，其花粉与柱头及胚珠间的亲合力不同，授粉效果不同。因此，板栗授粉树的选择要注意如下几个方面的问题：

1. *相互间的亲合力要强*　选择授粉品种时，也要选择品质好、商品价值高的品种。授粉品种与已确定的主栽品种具有较强的亲合性，即双方互相授粉均有较高的坐果率。否则，为了提高产量，尚需再选择一个授粉品种。如无可靠依据，需进行亲合性试验后，再行选择。

2. *对主栽品种的经济性状无不良影响*　板栗结实中表现有很强的花粉直感现象，如红色果皮品种给褐色品种授粉，所结果实果皮当年发红。因此，所选授粉品种应具有与主栽品种相同或相近的优良表观性状及品质性状。否则，将会降低果实的商品一致性及经济价值。

3. *要考虑区域化栽培的需要*　选择授粉品种时，要按着一个市、县或地区发展2～3个优质名牌板栗品种的原则，根据区域化栽培的要求，尽量选择规定内品种，以便提高栗实的一致性，形成规模，增强在市场上的竞争能力。

4. *不育花粉率低*　板栗虽然花粉量极大，但其不育花粉率也比较高。因此，授粉品种的花粉生命力要强，不育率要低于10％。

5. *花期要相遇*　授粉品种的雄花开花期与主栽品种的雌花开花期要一致，最好在其最适授粉期之内，即雌花柱头露出9～13天，且雄花开花期较长些，以便使主栽品种的中心花和边花均能很好的授粉。

五、栽植

（一）栽植时期

在秋季落叶后到封冻前进行栽植，当年可使伤根愈合，并发生新根，翌春及时生长，成活率高，生长良好。在冬季严寒的地区，秋栽后伤根不易愈合，在越冬过程中易抽条致死，以春栽为宜。但春栽也不宜过早，要避开萌芽前的春寒，可适当晚栽，以

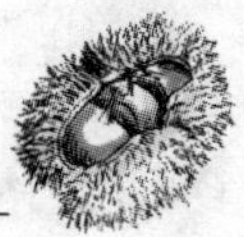

临近萌芽期栽植为宜。若行秋栽时，应将栽苗压倒埋土，以防冬季严寒抽条。

（二）栽植密度

可采用 4 米×4 米、3 米×5 米或 3 米×4 米的株行距，具体设计时，应根据立地条件及品种特性来确定，瘠薄山地可密些，肥沃平地可稀些；紧凑型品种可密些，反之可稀些。为早结果、早丰产，还可加密栽植。过去我国的栗树生产多采用高干、大冠、稀植和粗放管理的果材兼用经营方式，不仅产量上升慢，前期光能利用率也非常低。因此，在采用低干矮冠的同时，应合理密植，以便充分利用光能和地力，提高前期的板栗产量。近几年出现的丰产典型，多采用了在永久株间加上临时株提高前期产量的方式。加设临时株可增加前期产量，提高土地和光能利用率。一般临时株可采用隔行加行，隔株加株的方式。对临时株一定要作好标记，在整形修剪上采取限制措施，以既可尽早结果，又不妨碍永久株的整形修剪为原则。做到妨碍一枝去一枝，妨碍一片去一片，尽量不要一起间伐。

（三）栽植方法

1. 苗木准备　据多年观察，板栗用实生苗栽植的成活率显著高于用嫁接苗栽植的成活率。因此，栽植最好用优质实生苗，以便使栗园整齐，到第二年再进行嫁接。苗木要就近选择，用1～2 年生断根苗。挖好栽植坑后再起苗，随起随运随栽。起苗时注意保护根系，因板栗细根上有大量菌根，所以刨苗时带的细根越多越好，侧根保持 20～25 厘米，主根保持 25 厘米以上，尽量带点原土，以缩短缓苗期，提高成活率及促进早长快长（图 3-5）。

2. 苗木处理　栽植前将苗木上的损伤根、劈裂根等伤口用剪枝剪剪平。然后蘸上 100～150 毫克/升的 ABT3 号生根粉水溶液，再进行栽植，可提高成活率和促进发根。

3. 栽植方法　在整理好并灌水沉实的栽植沟（穴）上，开

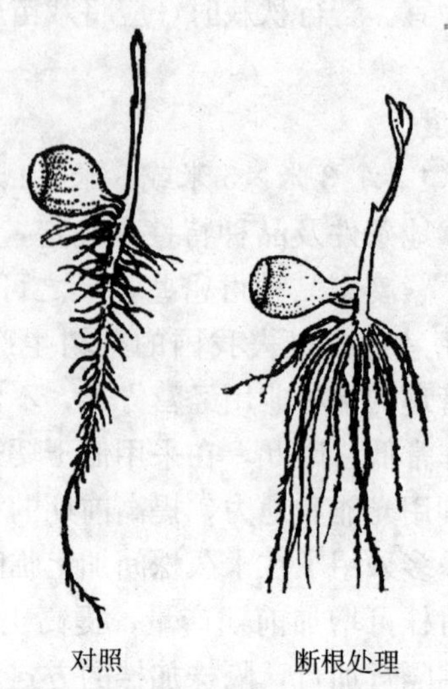

图 3-5　断根对板栗根系生长的影响

30 厘米见方的小坑，施入 2～3 千克腐熟有机肥，与土混匀，先浇上 10～15 千克水，待水将渗尽时，把已蘸上生根粉溶液的栗苗放入坑内，迅速埋土与地面相平，然后轻轻地踏一下，再撒上一层浮土即可。采用这种先灌水后埋土的方法，可使根系与土壤及水分紧密结合，又可防止踏实后灌水根系不能充分吸水，还可防止水分蒸发，因为表面上的一层浮土切断了土壤毛管水的上升。并且节约水分，尤其在干旱山坡的中上部，是一种行之有效的栽植方法。栽完后，每株树覆盖 1 米^2 左右的地膜，四周用土压严。可提高地温，又可保持水分，是提高成活率的重要措施。

4. **栽后管理**　栽植后可在离基部 30 厘米左右处截去苗干，以减少萌芽数量及枝芽生长对营养的消耗。栽植后半月左右应灌一次透水，以保证根系恢复及地上萌发对水分的需求。此外，还要注意防治金龟子等食叶害虫。

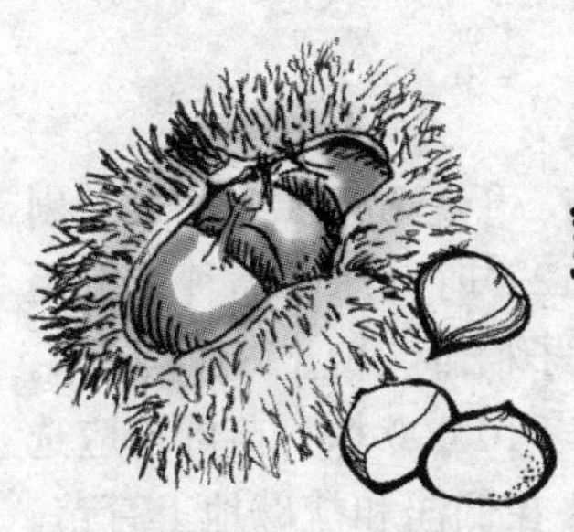

第四章　栗苗繁育与实生树改造

一、栗苗繁育

（一）种子采集

当栗苞开裂，果实充分成熟时，将树冠外围的果实单独采收，并注意挑选蓬大，蓬皮薄，刺稀疏，皮色油亮，栗果个大、均匀、充实饱满的做种子。此外，在采种前应先选择丰产、优质的母树，这对实生繁殖树的后代来说是至关重要的。因板栗是异花授粉植物，子代受母本和父本双重遗传的影响，故应选择一些成片的比较丰产、优质的群体，通常称片选，然后在丰产的片林中选出优株，作为采种树。1 苞含有 3 籽是优良的丰产性状，应选 3 籽的作为母树。1 苞中含有 2 籽或独籽的不宜选择。

（二）贮藏

板栗种子怕干、怕热、怕冻。播种前需妥善贮藏。一般采用沙藏法，选地势高、干燥、排水良好、背风阴凉的地方挖贮藏沟。为了避免种子过于集中，发热霉烂，贮藏沟不宜过宽，一般深 1 米左右，宽不超过 30 厘米，长度按种子多少而定。然后用湿沙（不含土的干净河沙最好）与栗种分层入沟埋藏，一层沙一层栗，或将沙与栗混合放入沟内，至距地面 10 厘米左右时覆土。越冬时，贮藏沟上应培土加高 30 厘米左右。如贮藏少量种子，可将种子与湿沙混合放入深 60 厘米，直径 30 厘米的圆坑内，坑上覆土 30 厘米左右。立春解冻后，要注意勤检查，至有少部分栗种裂开萌芽时，即可播种。

（三）播种

播种前应进行挑选，将霉烂、破伤、干瘪和病虫害的栗种剔除。在 3 月底、4 月初地温达到 10～12℃时，即可播种。行距 25 厘米，株距 10 厘米，开沟点播，种子横卧，覆土 3～4 厘米。每亩用种 75～100 千克，可出苗 6 000～10 000 株。苗圃地应选在平坦、排水良好的沙质壤土上，不要在低洼和盐碱地上育苗。为了便于灌溉，应采用畦播，畦宽 1 米、长 10 米。播种前，施足底肥，充分灌水。出苗前，如不过于干旱，可不灌水，以免土壤板结，影响出苗。在多雨的南方应采取高畦播种，畦宽 1.5 米、长 10 米，畦面高出地面 25 厘米（图 4-1）。

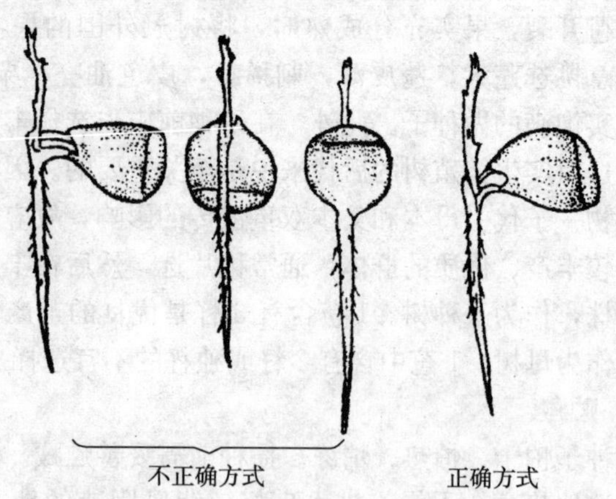

图 4-1　种子播种方式与出苗情况

（四）苗期管理

出苗后要注意除草松土及灌水。播种前如已施足底肥，苗期可不必追肥，以防苗木徒长。瘠薄地可在 6～7 月间追施一次化肥，以促进苗木加粗生长。在一般情况下，一年生苗可高达30～60 厘米。当年秋季不起苗，越冬后进行平茬，第二年可生长出主干直顺的壮苗。一年生苗抗寒力弱，越冬时应压条埋土防寒。

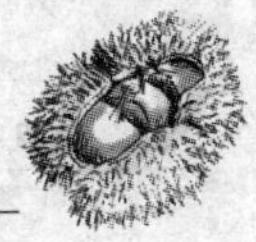

通常情况下，砧木苗生长2～3年时，即可用于嫁接。

苗木出圃时，要尽可能地少伤根。栗苗与其他树种不同，移栽后第一年根系发育较弱，需要较长时间的缓苗。

二、实生树改造

我国大部分栗区，尚属实生树，实生栗良莠不齐，且低产树所占比例很大，经过改劣换优后，增产潜力很大。

（一）接穗的选择与贮藏

1. 接穗的选择　春季枝接应选用树冠外围发育充实的粗壮枝条做接穗。粗壮的接穗枝内营养含量高，具有较强的生活力，愈伤组织形成量大，嫁接成活率高。而细弱不充实的接穗，或在贮藏期内已萌发、失水、发霉的接穗，生活力差，生成愈伤组织的能力低，与砧木愈合缓慢，嫁接成活率低。故应选用当年或二年生直径在0.6厘米、长20厘米以上的粗壮枝条作为接穗。

2. 接穗的采集与贮藏　接穗采集应在萌芽前1个月进行，如贮藏条件好，在整个冬季休眠期都可采集。一般是结合冬季修剪剪下接穗。接穗采集后按品种每100根为1捆捆好，写好标记，以免混乱。并要及时放在低温、保湿的深窖或山洞内，温度要求低于5℃，湿度90%或基本饱和。

贮藏时，应将接穗下半部埋在湿沙中，上半截露在外面，捆与捆间用湿沙隔离，地窖口要盖严，以保持窖内冷凉。可贮存到5月下旬至6月上旬。只要接穗保存新鲜和不萌芽，随时可取出嫁接。如没地窖，也可在土壤冻结前，在阴冷背阴处挖贮藏沟，深度和宽度各1米，长可依接穗多少而定，将捆好的接穗排放在沟内，然后用湿沙埋起来，上面盖湿土即可。

3. 接穗的蜡封　接穗蜡封后可减少水分蒸发，保证嫁接到成活期间接穗的生命力，嫁接后成活率高，而且蜡封的接穗可避免在长途运输中失水风干。

蜡封方法：先将接穗剪截成具有2～3个饱满芽、长约15厘

米左右的穗段，用清水洗干净，或用0.5%高锰酸钾浸2～3分钟进行消毒后，再用清水洗净，在阴凉处将接穗表面的水分晾干，准备蘸蜡。蜡封时用深度在10厘米以上的小铝盆盛上多半盆工业石蜡，放入盛有沸水的铁锅内，待石蜡全部溶化，蜡温达到90℃时即可开始蘸蜡。蘸蜡时，用手握住7～8根接穗的一端，将另一端迅速插入蜡液中，不要超过1秒，快速取出，随后再蘸另一端。速度必须快，否则会烫伤冬芽。

（二）嫁接部位与时期

板栗嫁接时期因方法和地区而异，枝接一般在春季当砧木树液开始流动后至萌芽期间进行，可适当晚接。此时气温升高，树液流动，形成层活动，树皮易剥离，接口易形成愈伤组织，成活率高。同时嫁接应选择晴好天气，雨天及风沙天不宜进行。

生产上多采用“多头高接换优”的方法对低产成年栗树进行改造，既换上了优良品种的枝头，又可充分利用大树原有骨架和发达的根系，嫁接后生长快、成形快、结果也快。在高接换头的同时，在树干或大枝的光秃部位可进行插皮腹接，以充实内膛空间，提高产量。

（三）嫁接方法

板栗嫁接方法主要有插皮接、插皮腹接、腹接、带木质芽接等。

1. 插皮接　先将蜡封接穗下端0.5厘米左右的蜡头剪去，然后在离下端5厘米处下刀削一个马耳形削面，上部深入木质部1/2后，往下斜削至木质部的2/3，反过来在背面离基部0.5～1厘米处下刀，只把头部削尖即可。砧木一般用剪枝剪在嫁接处剪断，如果砧木过粗，则先锯断，后削平锯口。在砧木树皮光滑的部位纵向割一刀，深达木质部，长2～3厘米，而后将削好的接穗插入纵切口的皮层与木质部之间，接口上部接穗露出削面约0.3厘米。插入接穗后，用塑料条绑严。要把砧木和接穗切削的伤口全部包严，防止伤口水分蒸发（图4-2、图4-3）。

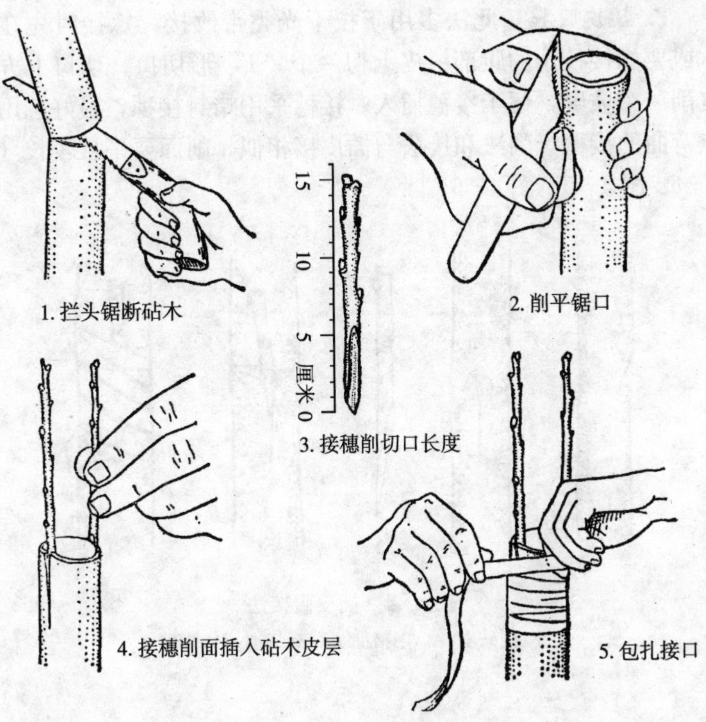

图 4－2　插皮接法

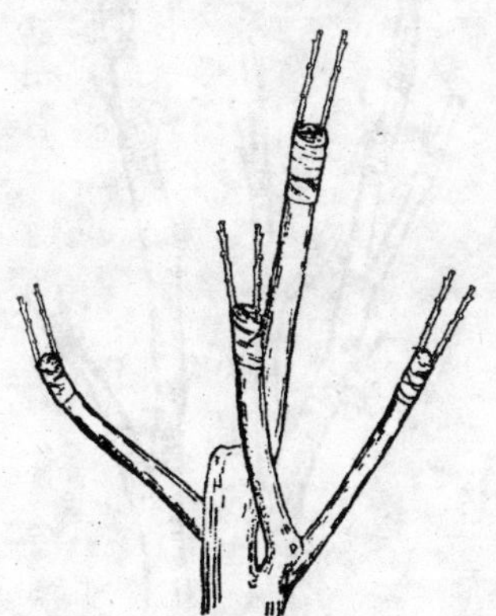

图 4－3　多头插皮接

2. 插皮腹接　此法多用于枝干光秃带改接，嫁接时先在砧木或要嫁接枝干的腹部树皮上切一个“T”形切口，切口上方树皮削一个坡度，便于接穗插入。接穗采用蜡封接穗，最好选用有点弯曲的接穗，削法和接法与插皮接相似，削面要平且较长（图4－4、图4－5、图4－6）。

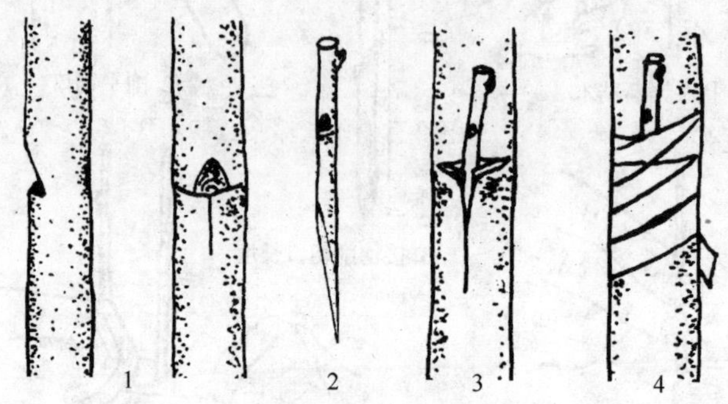

图4－4　插皮腹接法

1. 削砧木　2. 削接穗　3. 插接穗　4. 绑缚

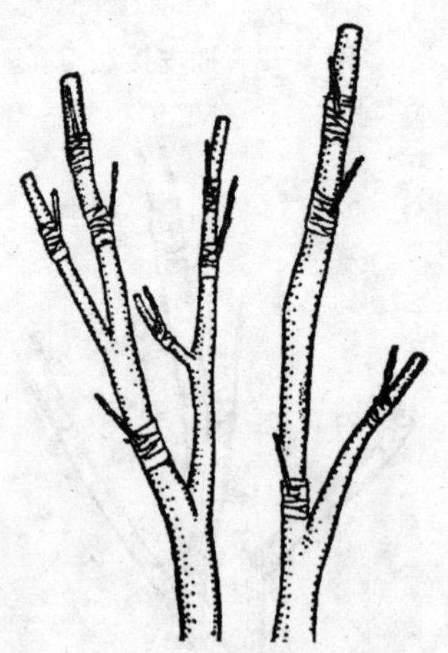

图4－5　多头插皮腹接

图 4-6　光秃带插皮腹接效果

3. 腹接　当砧木比较细，不宜进行插皮接时，可采用腹接法。树体刚萌芽时即可进行，适用时间较长。具体嫁接方法为，

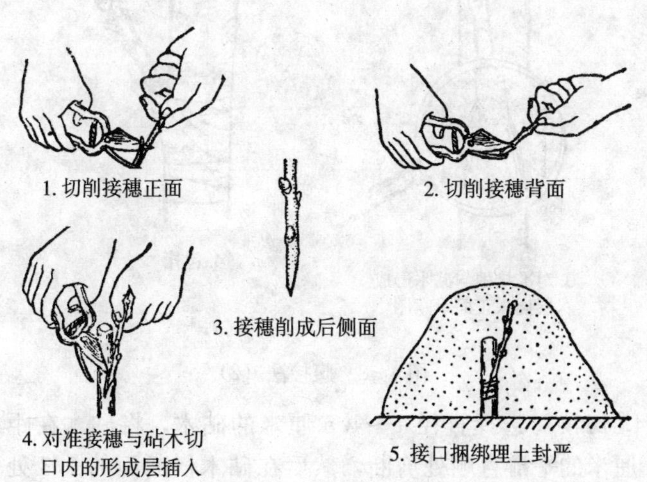

图 4-7　腹接法（1）

在砧木离地面5～10厘米处向下斜切一刀，长3～4厘米，深达木质部的1/3，接穗削成长面3～4厘米、短面2.5～3.5厘米、一边厚一边薄的扁楔形，插入砧木切口，以厚边皮层与砧木皮层对齐，长面向上，微露削面，然后用塑料条绑好（图4-7、图4-8）。

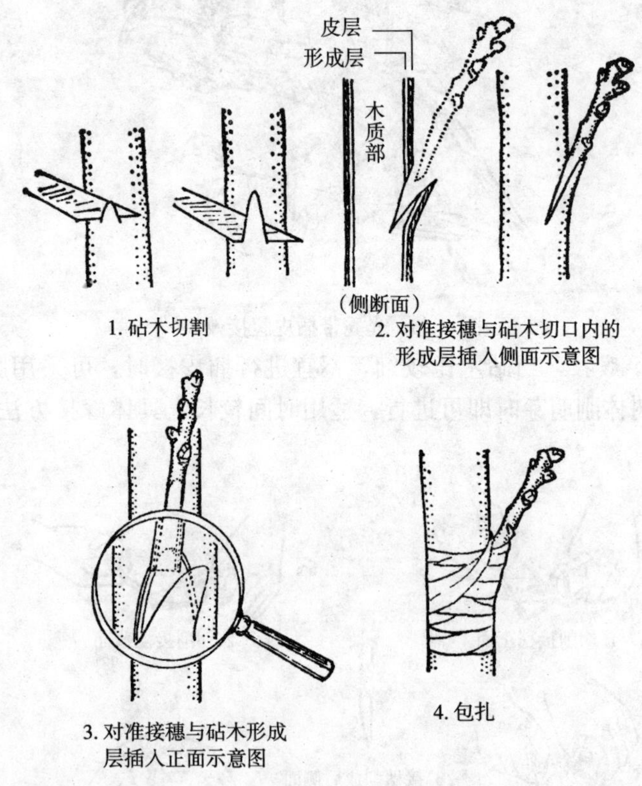

图4-8 腹接法（2）

4. **切接** 选择直径1～1.5厘米的砧木，将砧木在距地面3～6厘米的平滑直顺处剪断，然后在砧木横断面的1/3处垂直向下切一长约3厘米、一面长、一面短、呈45°倾斜的切口，接

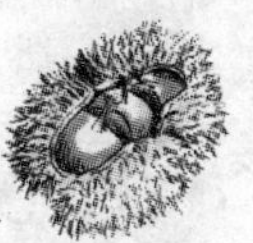

穗保留 3～4 个芽，也可单芽接。将接穗的长削面向内对准砧木的形成层贴合，再用塑料薄膜条包扎或用麻袋捆扎后用湿土覆盖即可，此法适用于早春离皮前幼苗嫁接（图 4－9）。

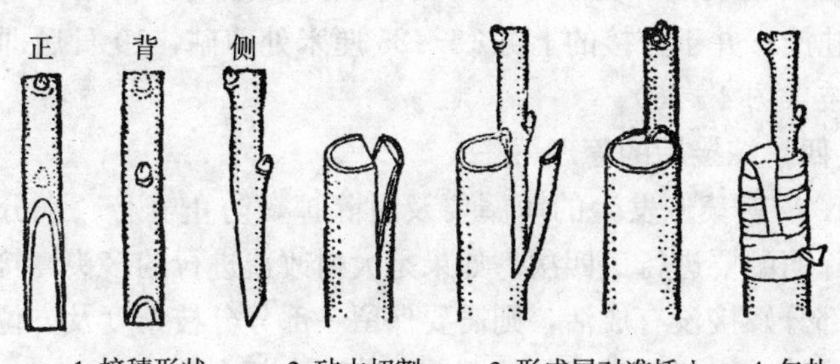

1. 接穗形状　2. 砧木切割　3. 形成层对准插入　4. 包扎

图 4－9　切接法

5. 带木质芽接　先在接穗上选好饱满芽，一手倒握接穗，

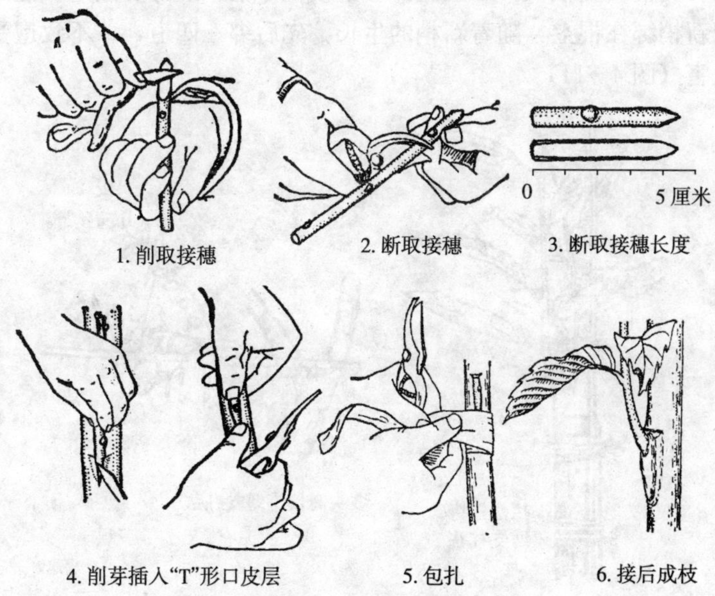

1. 削取接穗　2. 断取接穗　3. 断取接穗长度

4. 削芽插入"T"形口皮层　5. 包扎　6. 接后成枝

图 4－10　带木质芽接法

另一手持刀在选好的饱满芽背面削成长斜面，削口长3～4厘米，在长斜口背面下端削一小斜面，斜面削好后剪下带木质接芽。然后选砧木平滑处，用刀割一“T”字形口，深达木质部，撬开“T”字口的皮层，将带木质部的芽插入皮层内，再用塑料薄膜条包扎严，并于芽接的上方15～25厘米处剪砧，10日后即可萌芽抽枝（图4-10）。

（四）嫁接后的管理

1. 除萌蘖　发生的萌蘖要及时除掉，防止养分、水分的浪费。除萌蘖要进行三四次。如果是大树改造进行的多头高接，而又有部分嫁接没有成活，则需要保留一部分分枝角度及方位理想的萌蘖枝，来年再进行补接，其余萌蘖全部去除。

2. 松绑和绑支棍　一般接后1个月，新梢长到30厘米时，就要把塑料条松开，而后再较松地绑上，以利接合。与此同时，要绑支棍。支棍长1米以上，一个接口一根，下部要固定，上部把新梢绑在棍上，随着新梢的生长，先后绑三四道，才不致遭受风害（图4-11）。

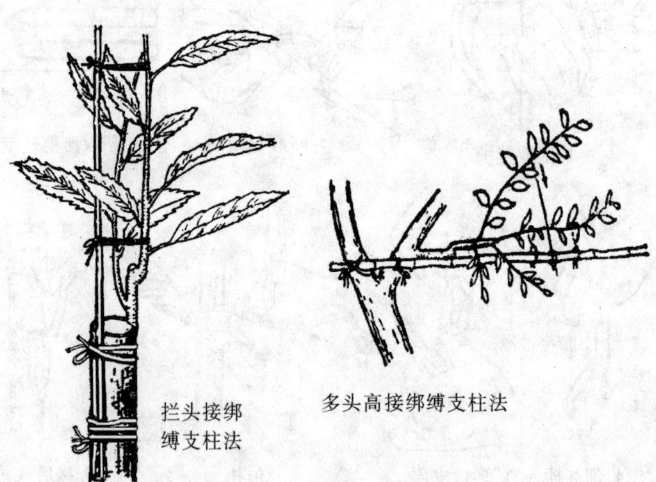

图4-11　接后绑缚支棍

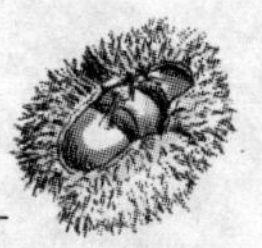

3. 摘心　当新梢长到约 40 厘米时要留 30 厘米摘心，以后连续摘心一二次，可促进副梢生长，多生分枝，使树冠圆满紧凑，促进枝条充实，提早结果。

4. 肥水管理　雨季可进行追肥促进生长，但生长后期应控制肥水，结合摘心保证枝条充实健壮。

5. 防治病虫害　春季接芽萌发后，常有金龟子、象鼻虫等害虫为害，要及时进行防治，可喷洒的药剂有辛硫磷、溴氰菊酯、阿维菌素等。

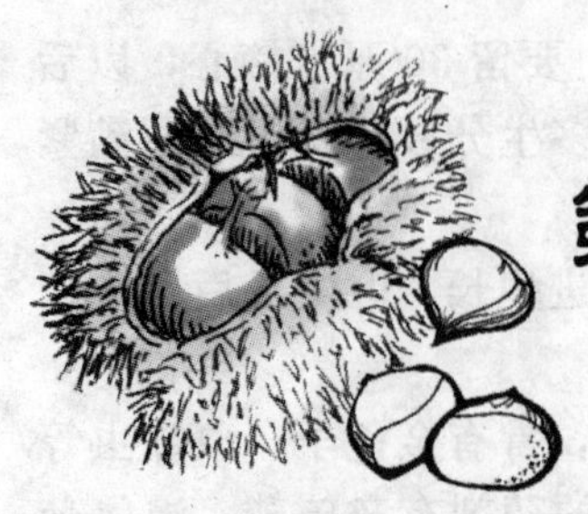

第五章 栗树的整形修剪

一、整形修剪的意义与作用

整形修剪是板栗园管理中的一项重要技术措施，板栗在放任管理的情况下，结果部位外移迅速，内膛容易空虚，树冠大都为圆头形或成半圆形，主次混乱，无整体骨架，造成产量不高，树势生长不良，大小年严重。整形修剪就是根据板栗生长发育的特点，通过科学合理的整形修剪技术，人为地控制骨干枝的分布，培养一个通风透光良好、有利于连年丰产的树体，调节树体养分的分配，使树冠内外枝条分布均匀，促进整个树体合理结果，提高产量达到高产、稳产、优质、高效及最大限度延长树体经济寿命。

二、板栗生长、结实特性与整形修剪

栗树叶腋中的芽左右对称，萌发出的芽形成的枝条也左右对称，形成一个平面，使平行枝和重叠枝增多。

板栗树枝条顶端优势明显，枝条顶端的大芽抽生出旺枝，以下侧芽形成细弱枝，这些细弱枝逐年死亡，旺枝越长越旺，并不断分枝，最后大枝很多，互相竞争生长，形成圆头形，小枝在外围一圈，内膛光照不足而形成大枝光秃，造成树冠高大，而内膛无小枝，养分大多数消耗在枝条生长和保持大量枝条的生命活动上，使营养生长与生殖生长比例失衡。

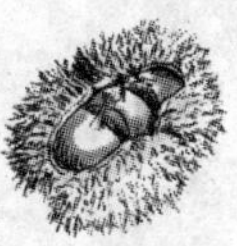

栗雌花的混合花芽都在枝条顶端，易形成结果部位在外围；带有雌花的混合花芽必须是生长势强的枝才能形成果实，内膛光照不足的细弱枝，不能结果，所以自然生长的板栗树结果部位都在外围，而内膛结果很少；通过整形修剪控制树冠大小，通过减少大枝数量，开张主枝角度、培养内膛结果枝组等修剪方法，使板栗达到立体结果即实膛结果。

自然生长的板栗产量较高时，树体养分过多消耗，在产量高的年份营养多供给果实，树体营养过于亏损，花芽分化受到影响，来年春季只开雄花，雌花形成的数量少，所以结果少或产生隔年结果。不结果或结果少的一年，树体营养积累，再次大量形成花芽，下一年又会大量结果，这就是产量大小年现象。在很多情况下，一年丰收后还会形成两个小年，即一年不能恢复树势，连续两年低产，第三年才恢复到大年，致使板栗不能高产、稳产。进行板栗合理修剪，控制结果母枝留量，就能防止上述现象的出现，消除大小年现象，达到高产、稳产。

板栗树是喜光树种，树势直立，树冠郁闭，内膛光照不良，促使结果部位外移，因此在整形修剪时要开张主枝角度，使内膛光照充足，从而缓和极性生长，促使下部枝健壮生长。

板栗幼树长势强，以后易形成大树冠，树冠越大内部遮阴的范围越大，无效容积也越大，因此，大树冠的板栗园单位面积的产量都不高。对幼树采用低干矮冠整形，对大树采用控冠修剪法，就可得到好的效果。

栗树的潜伏芽寿命很长，但平时不萌发，在短截或缩剪的刺激下，老干隐芽的萌发力都很强，生长速度也很快，一年可长1～2米，如不加以控制，则易造成树形紊乱，影响主枝的生长；实生树上的隐芽枝在冠内着生的部位不同，长势也不同，靠近树冠下部的隐芽生长强旺，不易形成果枝，在树冠中、上部萌发的隐芽枝长势缓和，一般1～2年可抽生出结果枝。

板栗树的结果部位都在枝的顶端，从母枝顶端的几个大的雌雄混合芽萌生结果枝结果，以下小侧芽多发生雄花枝，雄花脱落后该枝中部形成盲节。基部小芽一般不萌发，如果母枝实行短截后，多数枝结果很少或不结果。因此，在板栗修剪时，对于大多数品种或品系，都采用疏剪而不采用短截。但是，也有少数品种母枝短截后，也能抽生出果枝结果，故修剪时要因品种特性采取不同的修剪方法。

此外，在修剪时要做到因树修剪、随枝造形、适度修剪、因地制宜。品种特性、栽植密度、树龄、树势及土肥水管理水平是整形修剪的基本依据。栽植密度决定树形结构的选择与培养；品种特性决定果枝留量的确定；树龄与树势决定修剪方法及留枝量。

三、板栗的整形修剪时期

板栗修剪通常分为冬季修剪和生长季修剪。

冬季修剪：板栗的修剪主要在冬季进行，一般 12 月下旬至第二年 2 月最为适宜。板栗同其他果树一样，树体休眠期间营养物质在枝干、根部贮存，开春后，树液开始流动，根、茎贮存的营养由下方向枝梢运输，所以修剪期过早、过晚都不适宜。

生长季修剪：幼树的整形除进行冬季修剪外，还须进行夏季修剪。夏季修剪主要是新梢长到 30 厘米以上时摘心 2 次，以促进新梢分枝，提早成形。

修剪的重点时期应根据树龄、树势而有所侧重，通常成龄树及老弱树是以冬剪为主，而幼龄期强旺树则应采用夏剪为主或冬、夏结合的方法，有利于缓和树势，增加发枝，促进成形。

四、栗树常用的基本树形结构

板栗是喜光树种，树姿比较开张，确定树形结构时一般根据栗树生长情况、品种及栽植密度而定，目前常用的基本树形结构有以下 3 种：开心形、变则主干形、主干疏层形（图 5-1）。

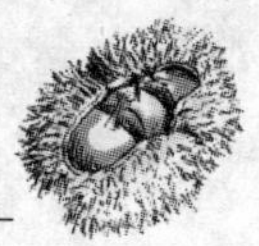

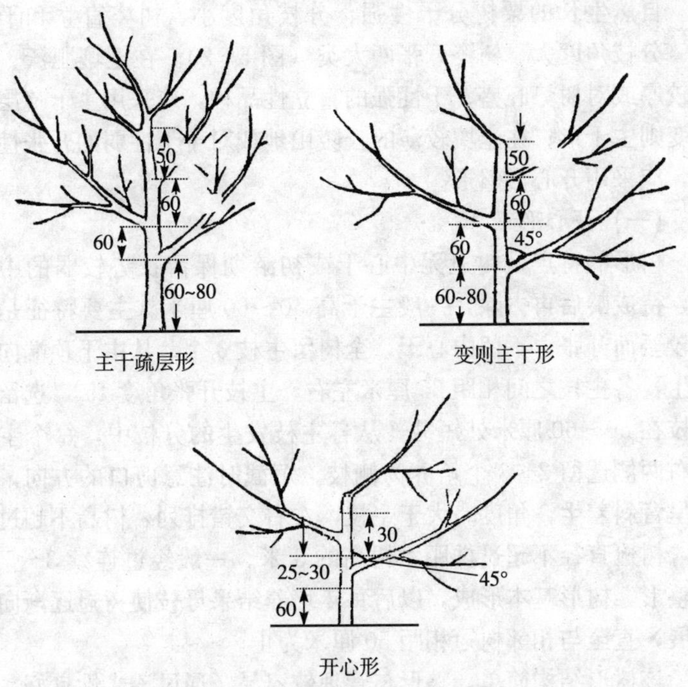

图 5-1　栗树的 3 种整形模式（单位：厘米）

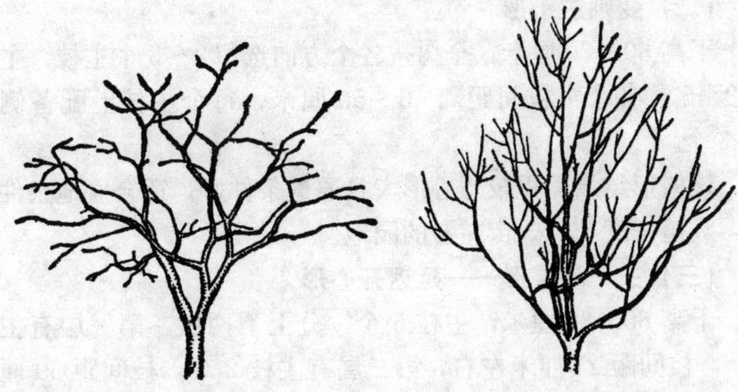

图 5-2　栗树的自然树形

自然生长的栗树分干性强、分枝角度小、树姿直立和干性弱、分枝角度大、树姿开张两大类（图 5－2）。在土壤肥沃、土层较厚或对树势旺盛、干性强的直立性品种，应采用主干疏层形和变则主干形；在土壤较薄的丘陵山地或对于干性弱的开张性品种，应采用开心形整形。

（一）开心形

树形的特点是树冠无中心干或初龄期保留长势较弱的中心干，待成龄后再去除，一般主干高 50～60 厘米。主要特征是树冠较矮而开张，不留中心干，全树留主枝 3 个，从主干顶端向外斜生，各主枝之间相距 25 厘米左右，主枝开张角度 45°，选留的主枝在 50～60 厘米处短截，从各主枝发生的分枝中，每个主枝左右两侧选留 2～3 个培养为侧枝。短截时注意剪口的方向，侧枝呈背斜着生，角度略大于主枝，左右交错排列，树高不超过行距，树冠直径不超过株距。树高约 3 米。一般经过连续 3～5 年的整形，树形基本形成，以后每年培养结果母枝使树冠逐渐向外扩展，直至与相邻树冠相距 50 厘米为止。

该树形结构简单，整形与管理较容易，通风透光性良好，易于控冠，适合于土层瘠薄、栽植密度 80 株/亩以上的密植园。

（二）变则主干形

干高 60～70 厘米，全树按各个方向选留 4～5 个主枝，主枝角度 45°，各个主枝间距离 40～50 厘米，每个主枝上配备侧枝 2～3 个。

该树形结果面积较开心形大且通透条件好，适合立地条件一般，栽植密度 70 株/亩左右的园地。

（三）主干疏层形——延迟开心形

干高 60～80 厘米，主枝 5 个，分上下两层，第一层有主枝 3 个，枝间距 25 厘米左右，第二层有主枝 2 个，枝间距 50 厘米左右，第一、二层层间距 80～100 厘米。第一层主枝角度 50°左右，每主枝上配备侧枝 2～3 个，第二层主枝角度 30°～40°，每

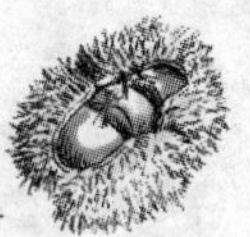

主枝配备侧枝1～2个。第一侧枝距主干70厘米左右，第二侧枝距第一侧枝距离50厘米左右。树高约4米，第五主枝以上不再留主枝。

该树形结构结果面积大且通透条件良好，单株产量高，适宜立地条件较好，栽植密度在40株/亩以下的园片。

（四）幼树的树形改造

生产中，除了上述3种树形以外，幼树改劣换优还常采用低干、矮冠、随树造形的不规则树形结构。但不管采用什么样树形都应遵循“主从明显、结构清楚、少主多枝、通透良好”的树形结构特点，即“上稀下密、外稀里密、大枝稀、小枝密”的“三密三稀”的丰产型树形基本结构。

幼树的整形修剪必须因地、因树制宜，不能强求一律，无论采用哪一种树形，必须在幼树时期就注意整形修剪，正确选留骨干枝，避免在长成大树后再大砍大锯，不仅影响树势，而且严重影响产量和质量。

五、整形修剪方法

整形修剪的目的是培养牢固的树体结构，便于管理，为早产、高产、稳产、优质、高效创造条件。

（一）定干

板栗树干高矮与根系和枝叶间养分的运输，树干对同化养分的消耗密切相关。低干矮冠成形快、结果早，适于密植，产量高，但树冠过矮不便于田间管理。因此，幼树定植后，一般在距地面80～100厘米饱满芽处剪截定干。

在生产中要因地制宜，间作栗园，定干宜高，一般达1.5米左右，土质肥沃的栗园应高些，瘠薄山地定干应稍低。定干时栗苗达不到定干高度的，可留在第二年进行定干。如定植的为实生苗，定植后采取就地嫁接，可结合嫁接定干（图5-3），即在砧木上稍高于定干处拦头截断，实行插皮接，接后抽生的新枝，培养发育成主枝；若幼苗粗大，可在主干上用插腹接或带木质芽接法。按主枝的分布方向，嫁接2～3个枝或芽，抽枝后即可构成主枝。

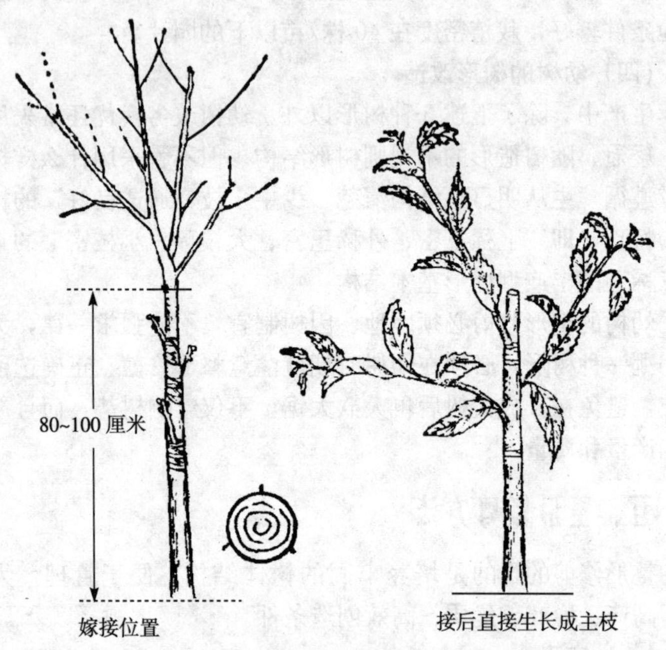

图 5-3　嫁接定干法

（二）幼树整形修剪方法

幼树修剪是培养良好的树体结构，因此，在修剪时以培养树形为主，一年四季均可进行，通过萌芽前刻芽、拉枝开角、生长季对强旺的枝条进行多次摘心以及疏除过密枝、交叉枝、重叠枝、细弱枝和病虫枝等方法，使幼树留枝量保持在每平方米6～8个母枝为宜。

春季修剪：发芽前对生长过旺的直立枝条进行拉枝，拉枝角度45°～50°，并在枝条两侧每隔25～30厘米于饱满芽处交替目

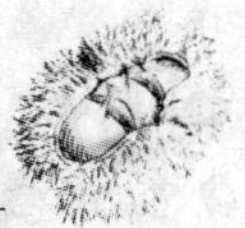

伤，发芽后抹掉弱芽，使养分集中到饱满芽上，形成壮枝结果。

夏季修剪：6～7月清除内膛过多的“娃枝”和果枝基部的无效枝，同时对过长的果梢枝在雌花以上4～5片叶处摘心，以提高坐果率，降低树冠扩展速度。

秋季修剪：对新嫁接枝摘心后和短截后未停止生长的秋梢，8月上旬进行二次摘心，增加顶芽养分积累。

冬季修剪：对新嫁接的一年生幼树由于枝条生长旺盛，除疏除极弱枝外，主要是分散营养，多抽生结果枝。一般在主干高处摘心定干，当年可选择培养出第一层的2～3个主枝。对过长的壮旺枝从1/4～1/3饱满芽处短截，并在剪口以下连续目伤3～4个芽，目伤宽度0.1厘米左右，目伤后抽生的枝条多为中庸枝，当年易形成雌花。2～3年生初结果树顶部延长枝生长旺盛，三叉枝、四叉枝、五掌枝较多，对此类枝条要进行轮换更新修剪。三叉枝从壮枝基部2～3厘米处短截，保留2个中庸枝结果；四叉枝根据枝条生长方向短截1～2个顶端壮枝，利用中庸短枝结果。短截后的壮枝基部瘪芽当年可抽生较壮营养枝，第二年前后母枝可同时抽生果枝。

（三）结果树的修剪方法

嫁接后的栗树3～4年进入结果期，结果后的栗树修剪，主要任务是促进强壮结果母枝的形成。

1. 结果母枝的留量　结果母枝是形成产量和质量的基础。结果母枝的留量应视品种、树势和管理水平而异。生长季一个结果母枝一般长出2～4个结果枝。强壮的结果母枝能长出4个以上的结果枝，弱的结果母枝只能长出1～2个结果枝。结果母枝的数量决定产量的大小，母枝的数量太少，不仅当年减产且导致树势偏旺不利结果，但结果母枝过多，抽生的结果枝都比较弱，不但栗果小、质量差，而且易使树势变弱，同时都形成弱结果母枝，第二年产量就会降低。所以，通过修剪稳定结果母枝的数量，就能达到丰产、稳产。

一般板栗丰产园亩产约200千克左右，1亩地板栗树投影面积按500米^{2}计算，每平方米产量为200÷500＝0.4千克，一个结果母枝按抽生2个结果枝计算，每个结果母枝平均结1.5个总苞，每总苞平均2个坚果，则每个结果枝平均产6个坚果。按120个坚果为1千克计算，则每个结果母枝应产0.05千克板栗，每平方米需留结果母枝数为0.4÷0.05＝8个。对于大粒品种，每平方米留6个结果母枝为宜。

结果母枝留量是产量的根据，也是修剪量的根据。适宜的结果母枝留量，一般认为每平方米树冠投影面积留8个健壮结果母枝为宜。管理较好、树势中等的栗园（果前梢3～5个大芽），宜留8～10个结果母枝；幼旺树或高额丰产的集约化栗园（果前梢5个大芽以上）留10～12个结果母枝；管理较差的丘陵山地栗园（果前梢1～2个大芽、甚至无芽），留6～8个结果母枝。修剪一棵板栗树时，要根据它的投影面积确定母枝留量。如一棵幼树投影面积为4米^2，则应留32个结果母枝；大树投影面积为20米^2，则应留160个结果母枝。

我国的板栗品种，一般每平方米留6～8个结果母枝，其他枝条如发育枝、雄花枝则全部剪除。从第二年的生长结果情况可以看出：雄花数量明显减少，延长枝比较旺盛，叶片少而单片叶面积大，结果量适中，板栗果实比较大，坐果率高，产量也比较高。但是长期应用这种方法会产生结果部位外移，修剪时要注意结果母枝的培养使结果内外都有。

2. 结果母枝的培养和处理　培养和保持一定数量的结果母枝是丰产、稳产的关键措施。

（1）保持结果母枝连续形成　结果母枝都是强壮枝，弱枝都是雄花枝，不但不能结果，而且消耗大量的养分。结果母枝大多在枝条的前端，由于枝条越分越多，生长势越来越弱，强结果母枝即转变为弱结果母枝，再进一步分化为雄花枝，就不能连续结果。

为了不使先端枝很快转弱，需对前端枝条疏剪和短截。强果枝先端生长出较壮的 4 个枝条，即 4 个结果母枝，可保留 2 个，剪除 1 个，短截 1 个（图 5－4）。如果长出 3 个强壮枝条，则保留 1 个，剪除 1 个，短截 1 个。如果长出 2 个强壮枝条，则保留 1 个，剪除 1 个，或保留 1 个，短截 1 个。总之，结果母枝越弱越要多剪除少保留；结果母枝比较强，可以多保留少剪除。这样保留枝养分集中，可以抽生出较强的结果枝，又是来年结果母枝，达到结果母枝连续形成的目的（图 5－5）。短截枝一般剪到中、下部，萌发枝条作为预备枝用。

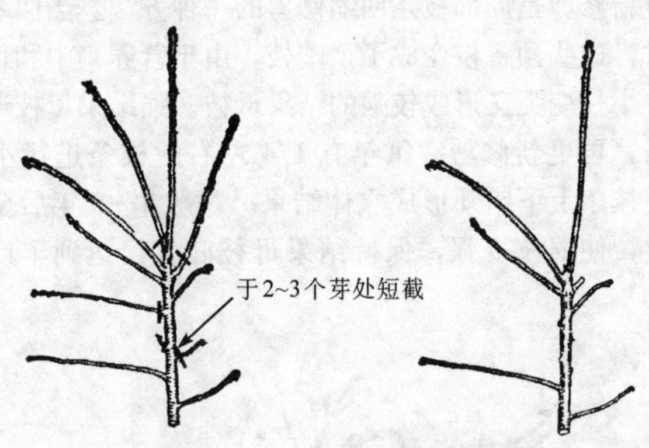

图 5－4　强结果母枝修剪

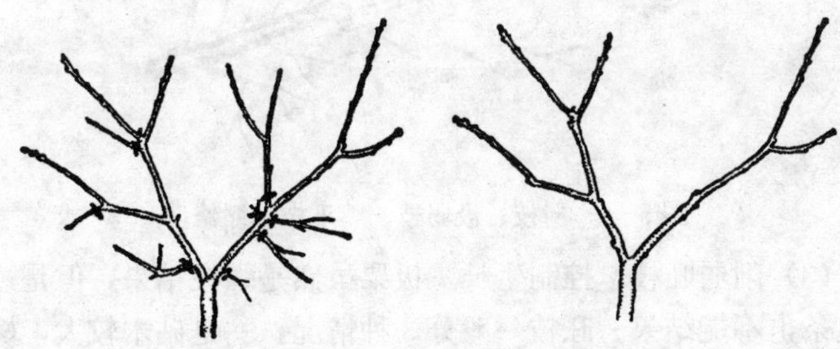

图 5－5　中强结果母枝修剪

为增强先端结果母枝的生长势，对下部的细弱枝要适当疏剪，使养分集中复壮；相反，若树壮枝旺，除保留顶部结果母枝外，在其下方还可选留 1～2 个结果母枝，以分散养分，缓和枝势，有利结果。

（2）加强弱枝的生长势　通过前端延长枝的部分疏剪和短截，可使枝前端连续结果，但是由于越来越长，数量也越来越多，几年以后枝头就要衰弱下来。通过短截形成的小枝逐渐变成内膛枝，这些小枝一般很难转强变成结果母枝，这就需要进行重截修剪，进行小更新。

小更新修剪是局部枝条回缩修剪的一种方法。当回缩到预备枝前端时，这些预备枝变成了顶端枝，由于营养集中和顶端优势的影响，小枝变强又形成较强的结果母枝。强结果母枝连续几年后又转弱，再更新修剪。每年有 1/4 左右的枝条进行小更新修剪，可使枝条上下错开形成立体结果。一般 4～5 年后全树枝条更新一次，使弱枝变强，保持结果母枝旺盛，达到丰产、稳产（图 5-6）。

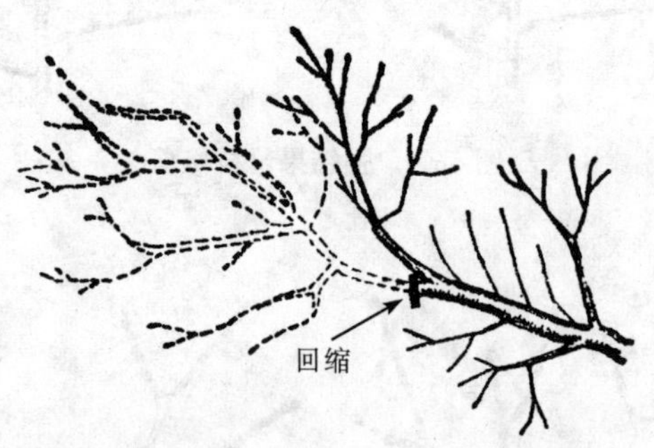

图 5-6　弱枝、极弱枝、鸡爪枝回缩修剪

（3）削弱旺枝，控制生长　板栗虽然是强枝结果，但是过旺的枝条也不能结果。旺枝一般分 3 种情况，一是砧木较大，嫁接后接穗营养过于集中而形成的；二是更新修剪压大枝，使伤口下

生长出旺枝；三是幼树生长旺盛形成的旺枝。

削弱旺枝的生长势并不是变成弱枝，而是变成健壮的结果母枝。可采用以下修剪方法：

摘心：当旺枝长到30～40厘米时进行摘心，可促使下部芽萌发形成副梢，粗壮的副梢第二年能抽生结果母枝。

中截：冬季修剪将旺枝中截，使下部芽萌发出几个枝条，在光照良好的情况下可形成结果母枝，对萌发过旺的还可以摘心，控制生长，形成副梢结果。

改变角度：对直立枝用绳子捆绑，使其变成平生或下垂，这种角度萌发率高，萌出较多的小枝，削弱生长势而转化成结果母枝。改变角度后萌发出的过旺枝，也需要结合摘心来控制生长，形成副梢结果。

3. 结果枝的选留与修剪　结果枝的修剪根据长势强弱采取截、疏、缓等方法培养处理。对于长势良好的结果枝，疏除母枝以下的全部细弱枝，以集中营养，利用母枝抽枝结果；对于强旺树或母枝，要适当保留一部分细弱枝，以缓和树势或枝势；对于长势差的细弱结果母枝，一般应将母枝和弱枝全部疏除；对于多余的部分强壮结果母枝，则适当短截、疏除，促发下年的结果

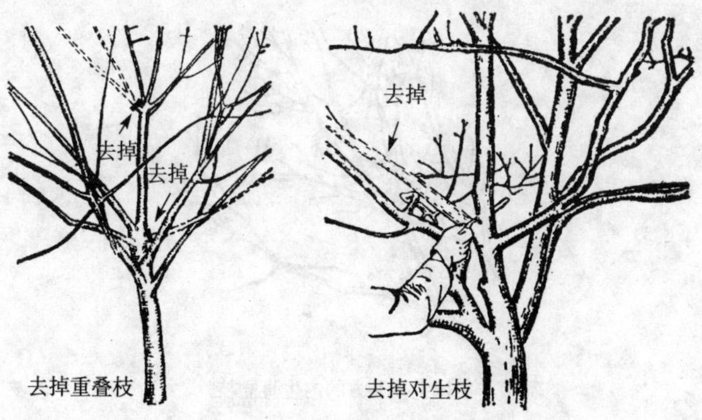

图5-7　疏间对生枝、重叠枝

母枝。

修剪时还要注意利用生长健壮的一年生发育枝，进行中截或缓放结果母枝培养成枝组，多年生枝回缩也可培养成大、中型枝组。对于长势强壮的结果枝组，视空间大小，疏除强、弱枝，缓放中壮枝结果；对于密挤重叠的结果枝组，要进行疏除改造，以改善冠内通风透光条件。枝组的修剪要轻重结合、放缩结合，使枝组的密度、大小配合适当，分布均匀（图 5-7、图 5-8）。

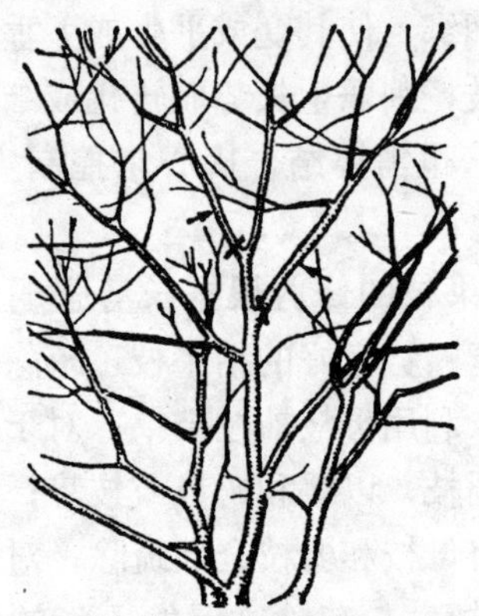

去掉主枝以下的强势侧、主枝

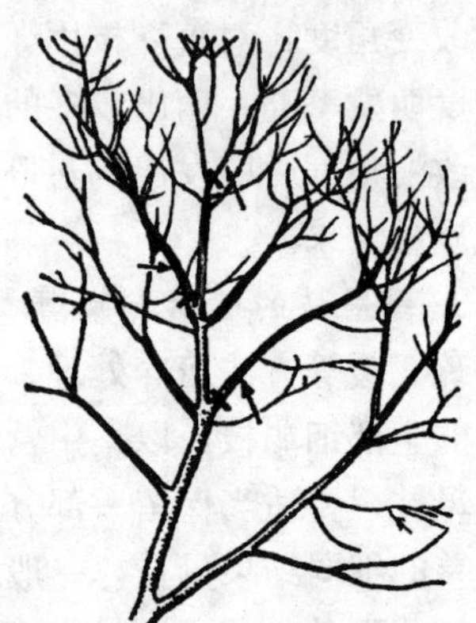

去掉主枝以下的对生枝、重叠枝

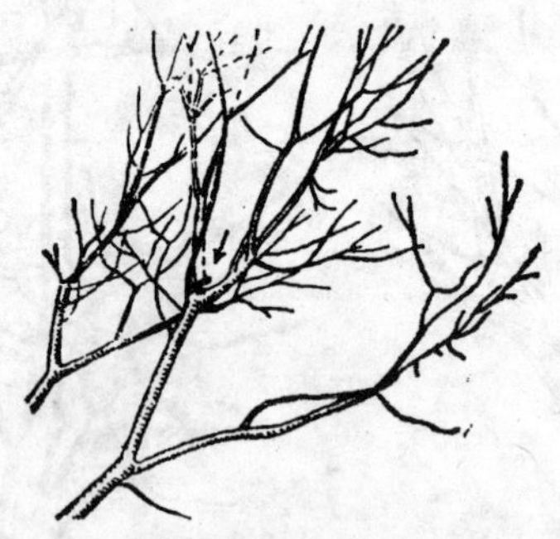

去掉主枝上方的内生直立枝

图 5-8　疏间密生枝

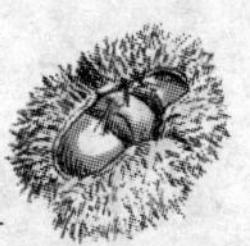

4. 树冠内膛娃枝的利用　树冠内膛多年生枝上的隐芽，经过刺激萌发的一年生枝叫娃枝，对于娃枝的处理，可根据空间大小决定取舍，对于缺枝处的萌生枝，要间隔一定距离培养成结果枝组，以充实结果部位。

（1）根据需要，适当选留　树冠内的徒长枝不能全部保留，要根据树体生长的具体情况适当选留、疏除。老树、结果树留，幼树不留；强树留，弱树不留；有空间留，无空间不留；主、侧枝中、上部留，基部不留。

（2）选留的数量　过多、过密的枝条会影响主、侧枝向外延伸，树冠郁闭，通风透光不良；过少达不到立体结果增加产量的目的。在生产中，一般要求同侧两个徒长枝间距为 60～80 厘米，同一部位只留一个枝，最多不超过两个枝。当徒长枝过多时，要选择方向好，斜侧生且生长充实的加以培养利用，其余的枝应尽早疏除，防止消耗养分（图 5-9）。

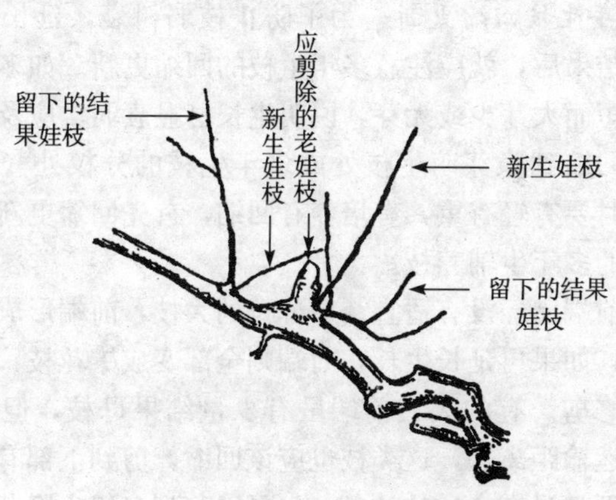

图 5-9　树冠内膛娃枝的利用方法

（3）控制娃枝旺长、徒长　娃枝具有丛生、直立和生长快的特性，如任其生长会出现“树上树”的现象，因此，必须加以控制。在生长季节利用扭梢控制徒长，改变枝条生长方向；夏季摘

心、冬季短截，促生分枝、缓和树势，对已分枝的枝条于30厘米以上分枝处回缩，或去直留斜、去上留下使之成为较永久性的结果枝组。当徒长枝改造成为结果枝后，连续结果变弱，要回缩复壮（图5-10）。

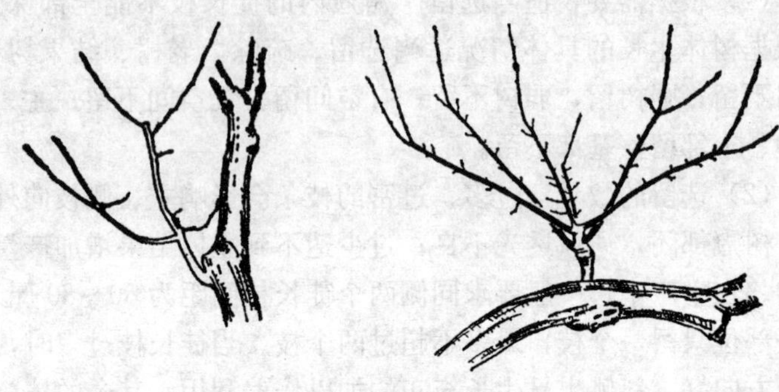

图5-10　树冠内膛娃枝的控制结果

5. *多年生枝回缩更新*　为了防止枝弱树衰，延长其结果年限，大量结果后，就应注意多年生枝的回缩更新。如多年生枝的果枝前梢短而大芽少或无芽，说明生长已显衰弱，应及时回缩更新。一般回缩到隐芽萌生枝处或多年生枝的分杈处（留短桩）。回缩更新时要有轻有重，有培养有回缩，首先回缩更新光腿、重叠、交叉的多年生辅养枝。

回缩前端已经没有适宜结果母枝的大枝，前端形成鸡爪枝则结果很少，如果再延长生长，前端则全部变成雄花枝，这类枝要重点回缩修剪。有的大枝前端虽有少量结果母枝，但伸展得很长，营养运输距离远，这类枝也应该回缩，剪到下部有枝条的部位，如果下部没有合适的枝条，也可以剪到多年生隐芽处，促进隐芽萌发。

（四）成龄板栗树的整形修剪与骨干枝调整

成龄板栗树修剪的主要任务是调整结构、平衡树势、改善光照、促进结果母枝的形成，并使结果母枝的数量适当，控制结果

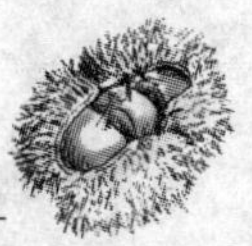

部位外移，实现高产、稳产。

板栗进入结果期后，在养分利用上存在着生长与结果的矛盾，常出现大小年或隔年结果的现象，为解决这种矛盾，用疏枝、母枝轮换更新和定量、定性选留母枝的修剪方法，来调节生长和结果的平衡，可采用“集中与分散”的修剪技术，促进健壮结果枝的形成。集中即通过疏间以及回缩弱枝、过密枝、交叉枝、重叠枝和不结果枝，使树体养分集中，弱树转壮，促生强壮结果母枝；分散即在强壮枝上适当多留小枝、长枝，拉枝、刻芽，以分散树体养分，缓和生长势，使营养生长转为生殖生长。

成龄的栗树，一般在采果后，将树膛内的雄花枝、纤细枝、发育枝和徒长枝全部疏掉，留树冠外围的结果枝。修剪结果树的目的主要在于在充分掌握树体生长发育的内在因素和周围环境条件的基础上，正确处理营养生长与生殖生长的关系，使树冠的内外、上下各部位都能抽生健壮的结果母枝，以充分利用空间，增加结果部位，防止树冠枝条过密，保证内膛通风透光和生长良好。对过密枝和纤细枝要及早疏除，一般弱枝短截，培养健壮的更新枝，对强壮旺盛枝要及时控制，不使它徒长并促使其转化为结果枝。对弱树强枝采取多疏少留，使其转弱为强，形成良好的结果母枝，对旺树旺枝则采取多留少疏的方法，以分散树体养分，缓和生长势，从而形成良好的结果母枝。

不同枝条的修剪方法不同：

1. 结果母枝的培养和修剪　培养健壮结果母枝，应根据树势强弱选留，一般每平方米树冠投影面积留 6～8 个结果母枝，去掉细弱枝，保留中庸枝；疏除各级骨干枝上抽生的当年生发育枝、徒长枝；对一年生发育枝、徒长枝、雄花枝、结果枝短截，但发育枝长度小于 20 厘米时要长放，雄花枝小于 10 厘米的粗壮花枝、顶芽饱满的不短截，结果枝长度大于 20 厘米的要短截；对大、中型弱枝要回缩更新，然后甩放促雌花形成。

树冠外围生长健壮的一年生枝，大都为优良的结果母枝。对这类结果母枝适当轻剪，即每个二年生枝上可留 2～3 个结果母枝，余下瘦弱枝适当疏除，树冠外围长 20～30 厘米的中壮结果母枝，通常有 3～4 个饱满芽，抽生的结果枝当年结果后，长势变弱，不易形成新的结果母枝，对这类结果母枝除适量疏剪外，还应短截部分枝条，使之抽生新的结果母枝。长 5～10 厘米的弱结果母枝，营养不足，抽生的结果母枝极为细弱，坐果能力也差，对这类结果母枝应疏剪或回缩，以促生壮枝。

2. 徒长枝的控制和利用　成年结果树上的各级骨干枝，都有可能发生徒长枝。如放任生长，势必扰乱树形，消耗养分，因此应适当选留并加以控制利用。在选留徒长枝时，应注意枝的强弱、着生位置和方向。生长不旺的徒长枝，一般不需短截，而生长旺盛的徒长枝除注意冬季修剪外，应在夏季进行摘心，也可通过拉枝削弱顶端优势，促使分枝扩大树冠，第二年从抽生的分枝中去强留弱，剪除顶端 1～2 个比较直立强旺的分枝，留水平斜生的。衰弱栗树上主枝基部发生的徒长枝，应保留作更新枝。

3. 枝组的回缩更新　枝组经过多年结果后，生长逐渐衰弱，结果能力下降，应当回缩使其更新复壮。如结果枝组基部无徒长枝，则可留 3～5 厘米长的短桩回缩枝，促使基部的休眠芽萌发为新梢，再培养成新的枝组。

4. 其他枝的修剪　盛果期大树枝量和枝类繁多，大枝常出现密挤、竞争等不利情况，修剪时注意疏剪和回缩这类大枝，使之都有一定的空间。对于树冠上的纤细枝、交叉枝、重叠枝和病虫枝一般都应疏除。

（五）衰老栗树的整形修剪与更新

由于重栽轻管，致使许多板栗树出现“一年生长旺，二年见产量，三年得丰产，四年树弱无产量”的现象，有的还形成“小老树”。

衰老栗树有 3 种情况：

1. 树龄虽老但还能保持一定的结果量　这类树一般表现为

多主枝齐头并进，主、侧枝不分，个个大光腿，树冠外围枝条密挤，枯顶焦梢，膛内光照不良，枝条枯死，只有树冠外围枝少量结果，形成多主枝的树形。修剪时，要因树制宜，灵活改造。首先要分年度疏除多余大枝，打开层次，调整主从关系，解决光照；另是壮枝、壮芽当头，进行较重程度的回缩更新，每年更新1/3～1/4，促使萌发旺枝，树上的枝条逐年更新，复壮树势；再是加强土壤管理，增施肥水。修剪时既要改造树形，又要留枝结果。

2. 结果量已经很小，但树体还不是非常衰弱，有一定的生长势　这类树需进行大更新修剪，使老枝更新。在冬季将全部枝条锯断枝头，回缩1米左右，锯口不要超过碗口粗，剪锯口要平，不留短桩，防止不愈合而造成朽腐劈枝现象，并注意对大伤口的保护，伤口太大不易愈合，易感染病害，通过回缩，树冠约缩小1/3。冬季修剪后，春季锯口处隐芽能萌发，长出强壮的新枝。夏季要摘心，促进枝条生长充实，并能萌发出生长缓慢的副梢。第二年冬剪时，对旺枝再进行中截，刺激其多长枝叶。一般不进行疏剪，多留枝条，2～3年后即可结果（图5-11）。

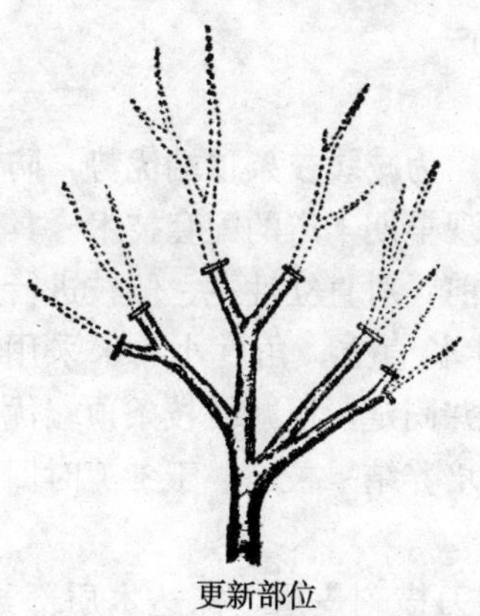

更新部位

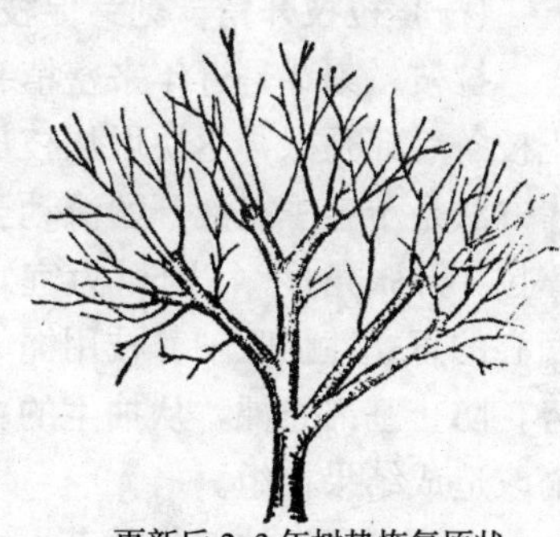

更新后2~3年树势恢复原状

图5-11　老树一次性更新法

3. 已经不能结果，同时树体衰弱，这类树一般应该清除，不必再进行培养 目前，老树更新修剪一般于盛果期就开始，采用年年有更新，逐年回缩，枝枝有更新，而对不同的枝，要根据具体情况，有放有缩，放缩结合，轮替更新，避免树体受伤过大，影响产量，做到边更新、边促壮、边生产。

老龄栗树在进行树上更新的同时应同时进行地下更新，即挖沟施肥时，有目的地截断老根，使老根断根后长出新根，增加根系对肥水的吸收。主要是断小根，并增施肥水，以利根系的更新生长。根系吸收能力增强后，又能促进地上部分的生长。

六、密植树的修剪

近几年，在立地条件较好的地区，大量发展了板栗密植园。一般密度每亩地栽植 40～55 株，密植园可栽植 110 株左右。密植园比普通园植株多，叶面积大，能及早占领空间，提高光能利用率，达到早期丰产。但是，当植株不断长大时，树冠之间就会连接起来，形成郁闭的栗园，不能通风透光。因此，在进行密植板栗园修剪时，必须保持小树冠，使树冠之间有一定的空间，才能提高光能的利用率，达到丰产、稳产。

（一）拉枝开角，刻芽促枝

拉枝、刻芽是近年来密植栽培中，为减缓枝条顶端优势，防止枝条后部秃裸，尽快增加枝量，实现早期丰产的配套技术。具体方法是于春季树液开始流动至发芽前，对直立性主、侧枝进行撑拉，开张角度（以 60°为宜）。将生长直立、角度小、未采用摘心的直立性强旺辅养枝用绳子拉平并固定，以减缓枝条顶端优势，防止基部秃裸，从抽生的新梢中培养结果枝组，于冬剪时回缩改造成结果枝组。

在预定的发枝部位的芽上方，用刀横刻皮层，深达木质部，促使抽生侧枝或缓和枝条生长势。一般所要刻的芽常选择枝条两

侧，以便抽生角度适宜的枝梢。

（二）抹芽、摘心

抹芽：在春季发芽后，将强枝中、下部要产生弱枝的萌芽抹除，对剪锯口等处所萌发的多余萌芽也要及时抹除，以节省营养，使树体养分集中到留下的壮枝和新梢上，还可加大叶面积，增强光合作用，增加雌花量，防止扰乱树形。

摘心：重点是幼树或新嫁接树以及大树骨干枝中、后部适宜位置所发出的枝条，为培养更新枝组，增加枝量，每年可进行多次摘心。旺枝一年应摘心 3～4 次，生长不很旺的新梢应摘心2～3 次。方法是每当新梢长到 40～50 厘米时，于枝梢顶端叶片达到正常大小处，摘除顶梢 10 厘米长的嫩梢，主要用在旺枝上，目的是促生分枝，促进枝条成熟度，提早结果。初结果树的结果枝新梢长而旺，当果前梢长出后，留 3～5 个芽摘心。果前梢摘心后能形成 3 个左右健壮的分枝，提高结果枝发生比例，同时还能减缓结果部位外移。冬季采用戴帽修剪，在不同摘心次数的新梢轮痕附近进行冬季短截。在新梢轮痕上留 2～4 个小芽短截叫戴活帽修剪，如处理得当，则帽上小芽和轮痕下的大芽才能抽生结果枝。在新梢轮痕上不留芽短截叫戴死帽修剪，使轮痕下的大芽抽生结果枝。一般情况下，枝势不强的戴死帽剪，枝势强旺的戴活帽剪。

（三）短截、回缩

就是剪去一年生枝的一部分，只留 2～4 厘米。其作用是刺激侧芽抽生壮枝，使树冠紧凑，减少雄花，调整营养物质的分配。短截有轻有重，一般剪去枝条的 1/3 或更少为轻短截，剪去枝条的 2/3 或更多为重短截，短截轻重程度不同，对新梢生长和结果的影响不同。一般短截越重对侧芽的刺激越大，新梢生长越旺，但对当年结果不利。

对旺树、旺枝可采用延迟修剪，等萌芽后进行短截。板栗是顶端芽开花结果，很多板栗品种在短截修剪后能抽生出结果

枝。因为板栗的雌花是当年形成的，当短截修剪后，剪口芽形成顶芽，由于顶端优势使养分集中，当年春季即可边生长边分化形成雌花。这种短截后形成的雌花坐果率很高，产量很稳定。短截修剪适合一些品种，在进行全树短截后，使延长枝缓慢生长，从而保持矮小树冠。此外，板栗的结果枝和雄花枝中部为盲节（无芽）。因此，短截的强度应根据芽的着生情况而定。

回缩修剪类似于更新修剪，是对多年生枝短截。多用于生长衰弱、结果部位外移、内膛光秃严重的多年生枝。一般是多年生枝上留下1个由休眠芽萌发的发育枝，将其先端的枝条全部剪除。对老树弱枝适当回缩，能起到更新复壮的作用。在密植园回缩修剪时，将交叉的枝条进行回缩，控制主枝头，回缩到侧枝上，再将侧枝培养成主枝，同时再培养新的侧枝。这种回缩更替可使树冠不断扩大，有利于开张枝条角度，使大枝稀疏，上下错开，形成立体形树冠。

(四) 疏剪、缓放

疏剪：就是把一年生或多年生枝从基部剪除。一般情况下，疏枝减少了枝条的数量，缓和了生长势，改善通风透光条件，调节树势，节省养分，有利于花芽形成和开花结果。生产上多用于去除对生枝、细弱枝、病虫枝、交叉枝、重叠枝、密生枝等。但疏剪的程度要依品种、树势、枝量和光照情况而定。幼树为增加叶片面积提早结果，除病虫枝和干枯枝外，其他枝条不宜多疏，随着树龄的增加，疏剪的程度应逐渐加重，成年树则以疏剪为主。

疏剪要三看：一看树势，树龄。幼树少疏，多留辅养枝，弱枝全疏；旺树、大树适量疏。二看品种，发枝多的多疏，发枝少的少疏。三看枝条，树冠上部多疏，中、下层适量疏，骨干枝少疏，辅养枝上适当留壮枝。

缓放则是保留一年或多年生较旺的延长枝，缓和枝条生长

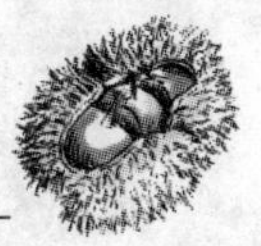

势，分散营养物质，控制营养生长，促进花芽分化和结果。

（五）计划间伐

在控冠修剪时不易进行，当板栗园的覆盖率超过80%时，应采取隔行或隔株间伐。如果间伐一半，虽然板栗树减少了50%，但单株产量相应提高，一般间伐当年产量会适当下降，但1～2年后亩产即可恢复甚至可以进一步提高。如果不间伐，果园郁闭，产量会明显下降，而且一年不如一年，树体将逐渐衰弱。

为了不影响产量，也可以按计划将板栗树分成两类，一类是永久性保留的树，一类是暂时保留要间伐的树。永久株进行正常修剪，间伐树进行回缩修剪。当两树冠密接时，回缩以后要间伐树的枝头，回缩后两枝头应保持0.5米的间距。逐年回缩，直到间伐为止。对于间伐树一般不进行短截修剪，要采取去弱疏强留中庸枝的修剪方法，促其结果（图5-12）。

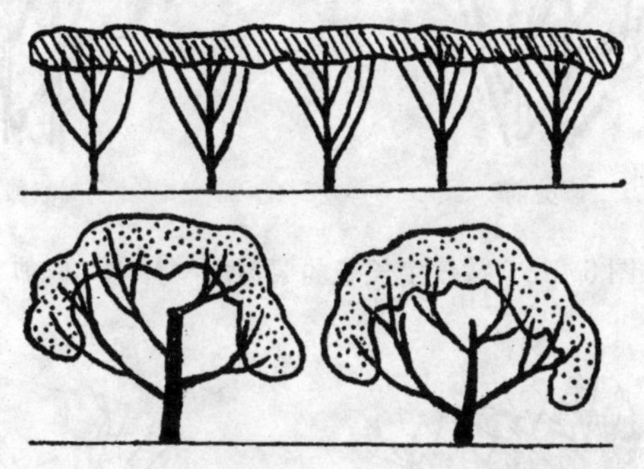

图5-12 密植栗树间伐前后树冠结果面积比较

七、放任衰老树的更新修剪

由于重栽轻管，部分板栗园不进行修剪，致使树冠郁闭交接，群体光照恶化，树势未老先衰，产量大幅度降低，有的甚至绝产。对于这类板栗园，必须采取以更新修剪为主的综合修剪技术措施进行改造，才能提高衰老树的产量。

（一）回缩更新

回缩更新的方法因树制宜，对于绝产的板栗大树，进行一次性回缩更新。首先选出方位好，生长势较均衡的3～4个大枝作为主枝，将多余的大枝从基部疏除，对留下的主枝回缩更新到3～4年生枝上，基部3厘米以上留茬，在回缩各级枝时，凡是分叉处的弱枝要保留，一般当年可以结果；对还有较低产量的板栗树，交替回缩更新，首先确定需保留的大枝，对其余过于密挤的大枝疏除，然后在保留大枝中选择1～2个结果母枝，让其结

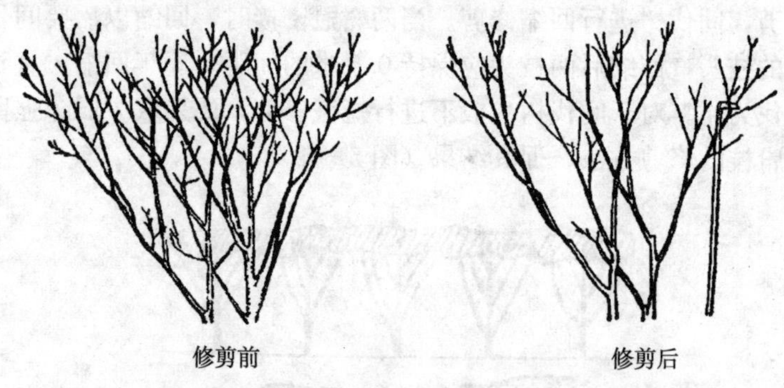

图5-13　放任生长老弱栗树的“开裆”修剪

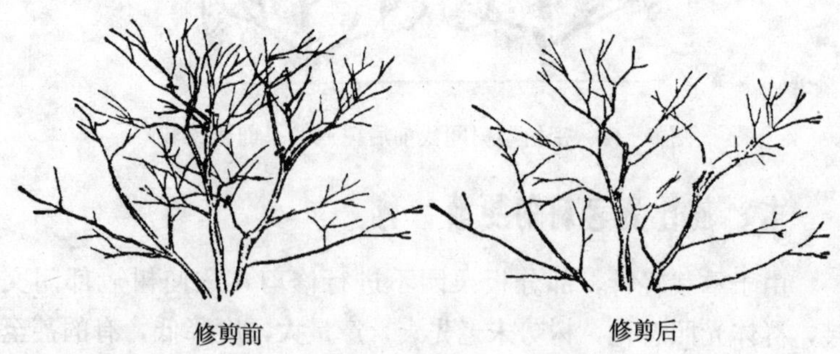

图5-14　放任生长栗树的回缩修剪

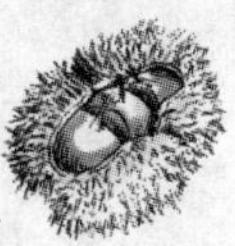

果后第二年回缩到 3～4 年生分枝处，即两年完成更新任务；对有一定产量的也可采用重剪法，按照一棵树只保留 3～4 个大枝的要求，将其他多余的大枝一律从基部疏除，对保留大枝上生长过密、过旺的枝条也应疏除，改善光照条件，有利于内膛枝转强，形成结果母枝（图 5-13、图 5-14）。

（二）夏季修剪

板栗的隐芽经重回缩后，易发生大量的萌蘖，严重影响新梢的生长，要依据每棵树的截头直径，确定隐芽萌发后的留芽数，一般直径在 3 厘米以下的保留 2 个萌发芽，直径 3～5 厘米的保留 4～5 个萌发芽，其余的萌芽全部抹除。留下的芽新梢长到 30 厘米时摘心，一般一年摘心 4～6 次。

（三）冬季修剪

在夏季摘心的同时，每年冬季进行一次冬剪，处理好主、侧枝的延长头，疏除无效细弱枝、病虫枝和多余的雄花枝。结果母枝为三叉枝时，要去掉中心枝，结果母枝为燕尾枝时要去前留后，去强留中庸枝。对着生部位较弱的一年生发育枝、雄花枝和结果母枝进行短截，促其抽生壮枝，防止结果部位外移。结果母枝短截后，当年能继续抽出结果枝，对交叉枝、重叠枝和衰弱枝，抑前促后，保证树冠紧凑，达到立体结果。冬剪的同时，还要注意更新回缩结果枝组，复壮树势，防止结果部位外移。

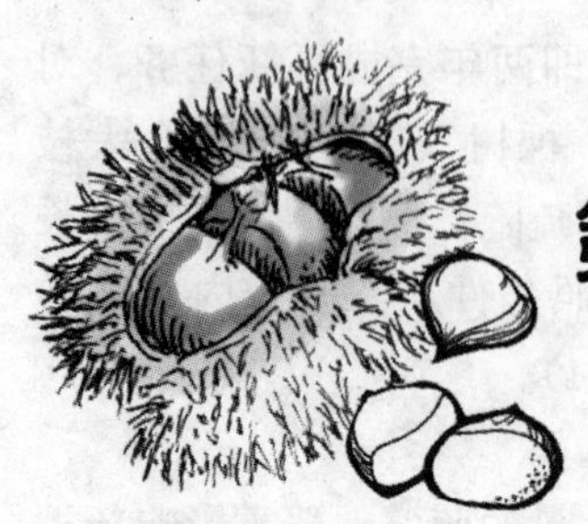

第六章　板栗园的土、肥、水管理

一、板栗园的土壤改良

板栗多栽植在丘陵山地和河滩地上，立地条件较差，土壤的有机质含量低，理化性状不良，为使栗园丰产、优质、稳产，必须进行土壤改良，改善土壤结构，提高土壤肥力。

在做好水土保持的基础上，建园时深翻改土、大穴定植，随着板栗的生长，逐年进行深翻扩穴，改良土壤结构，扩穴时填入秸秆、绿肥等有机物和畜禽粪肥、饼肥等有机肥料，以增加土壤有机质。深翻扩穴的时间以在秋季栗果采收后为宜。深翻扩穴的方法有以下几种：

1. *环状深翻扩穴*　以定植穴外缘为界，每年向外开环状沟扩穴。沟深80～100厘米、宽50～60厘米，然后将挖出的土与有机肥、杂草、绿肥等混合后填入。

2. *沟状深翻扩穴*　在树行中间开沟，沟深80～100厘米、宽50～60厘米，逐渐与原定植穴打通，将挖出的土与有机肥、杂草等混合后填入。

3. *炸药震土扩穴*　山地栗园土层薄，表土以下是易风化岩石，可采用打孔炸药震土法扩穴，以疏松深土层。具体方法是，在株行间距树干1.5米以外，打深60～80厘米、孔口直径10厘米的小孔，每孔放入炸药200克左右，放入导火索，用黏土捣实封严孔口，引爆后，清除露于表层的岩石，结合施基肥回填震穴。

为避免一次扩穴伤根太多，栗树生长不良，可采用隔年扩半穴的做法。以上各种深翻扩穴方法均需在改土后随即灌透水，以利于根系生长。深翻扩穴时不要离树干太近，尽量少伤 0.5 厘米以上的粗根，以免影响板栗树的生长和结果。

4. 刨树盘　栗区有句农谚“春刨树，夏刨花，秋刨栗子把个儿发”。春、秋季于树下树冠投影面积内深刨 20 厘米左右，春刨宜浅，秋刨宜深，近树干处宜浅，远树干处宜深。可熟化土壤，减少水分蒸发，促进栗树的生长和果实发育。

二、板栗园的土壤管理制度

在无公害果园中，制定与执行土壤管理制度必须遵循以下原则：保持果园和区域内的生态环境，减小水土流失；不能对环境造成污染；有利于提高土壤肥力，改善土壤的理化性质；保证土壤能够持续的供给果树所需的水分和各种营养物质；有利于提高劳动效率，降低生产成本、增加经济效益。

常用的土壤管理制度有果园清耕制、生草制、覆盖制和间作制等。每种管理制度各有其优缺点，生产中应根据品种、栽植密度、树龄、土壤肥力、立地条件等选用。

1. 清耕　果园清耕制是果园行株间的土壤休闲，并在果树生长季节多次进行中耕除草，使土壤保持疏松和无杂草的状态。果园清耕制是一种传统的果园土壤管理制度，目前生产中仍被广泛应用。

(1) 果园清耕制的应用　果园土壤在秋季深耕，春季浅耕、生长季多次中耕除草，耕后休闲。秋季深耕在栗果采收后进行，耕翻深度一般为 20 厘米左右，此时地下部正值根系秋季生长高峰，根系伤口可以很快愈合并长出新根，有利于树体养分的积累；另外，由于表层根被破坏，促使根系向下生长，可以提高根系的抗逆性，扩大吸收范围。春季浅翻在清明到夏至之间对土壤

进行浅翻，深10厘米左右。生长季节，果园在雨后或灌溉后都必须进行中耕除草，以利疏松表土、铲除杂草、防止土壤水分的蒸发。

(2) 果园清耕制的利弊　果园清耕能有效的控制杂草，避免与减少杂草与果树争夺肥水的矛盾；能使土壤保持疏松通气，促进微生物的活动和有机物分解，短期内提高速效性氮、磷、钾的含量；可消灭部分寄生或躲避在土壤中的病虫。

但果园长期应用清耕制会带来许多的弊病：果园长期清耕破坏了果园良好的生态平衡，果园的生物种群结构发生变化，一些有益的生物数量减少；土壤结构被破坏，物理性质恶化，土壤有机质含量及土壤肥力下降；坡地果园采用清耕法在大雨或灌溉时易引起水土流失；寒冷地区清耕制果园的冻害加重，幼树的抽条率高。另外，清耕法费工、劳动强度大。

综上所述，果园清耕制一般适应于土壤条件较好、肥力高、地势平坦的果园，但也不能连年应用，应用清耕制要注意增施有机肥。

2. *覆盖*　在果园的株间或全园的土壤表面覆盖一层秸秆、杂草、绿肥、堆肥、厩肥或其他有机物或无机物的土壤管理制度。在山地或旱地果园应用较广泛。

(1) 地膜覆盖

①地膜覆盖技术的应用

地膜覆盖技术：树下覆膜能减少水分蒸发，提高根际土壤含水量；盆状覆膜具有良好的集水作用；覆膜有利于提高早春土壤温度，促进根系活动和微生物的活性，加速有机质分解，增加土壤肥力；覆膜可减少部分越冬害虫出土为害；覆膜有促进果实成熟和抑制杂草生长的作用。成龄果园的地膜覆盖在干旱、风大的2～4月份进行，可顺行覆盖或在树盘下覆盖。地形平坦、有水浇条件的果园，覆膜前要浇水，平整地面。在干旱少雨的地区适宜低畦或低树盘的栽植方法，即以树干为中心修大小与树冠投影

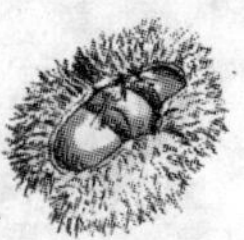

一致，四周稍高的树盘，树盘内覆地膜；地下水位高、雨水多的地区适宜高畦栽植覆盖。膜面要拉平，膜边角用土压住，防止水分蒸发。大树离树干 30 厘米处不覆膜，以利通气。施肥时用 3 厘米粗的木棍在地膜上扎 6～10 个孔，施入肥料后再用土盖住孔口。

地膜覆盖穴贮肥水技术：简单易行，投资少见效大，具有节肥、节水的特点，是旱地果园重要的抗旱、保水技术。方法是：将作物秸秆或杂草捆成直径 20～25 厘米、长 50 厘米的草把，放在尿液中浸透。在树冠投影边缘向内 50～70 厘米处挖深 50 厘米、直径 30 厘米的贮养穴，每株 4～7 个。将草把立于穴中央，顶端略低于地表，每穴施入土杂肥 4～5 千克、过磷酸钙 500 克、尿素或复合肥 50～100 克，与土混合后填入穴内并踩实，然后整理树盘，使营养穴低于地面 5 厘米左右，形成盘子状，每穴浇水 5 千克即可覆膜；每穴覆盖地膜 1～2 米^2，地膜边缘用土压严，正对草把上端穿一小孔，用石块或土堵住，以便将来追肥、浇水或承接雨水。追肥时将肥料放于草把顶端，随即浇水 5 千克左右；一般贮养穴可维持 2～3 年，发现地膜损坏后应及时更换，再次设置贮养穴时改换位置，逐渐实现全园改良。

覆膜与覆草相结合的覆盖技术：春季覆盖地膜提高地温、保墒，夏季覆盖秸秆或杂草防止高温灼伤根系，抑制杂草生长，保持水土，提高土壤肥力。覆草时应把地膜揭掉后再盖草。

②地膜覆盖应该注意的问题　覆透明膜由于膜下温度、湿度适宜，膜内往往杂草丛生，因此在覆膜前，在平整土地后用西玛津、氟乐灵等除草剂处理，覆盖黑色地膜或除草地膜不用除草剂也可控制杂草生长；国产农膜质量不高、不稳定，可控降解的地膜在生产中的应用还很少，果园使用地膜覆盖制极易给环境造成污染，在无公害果园尽量应用可降解地膜，或在应用农膜后捡净地膜的残物；我国地膜的价格较高，为降低成本，可结合行间生草或免耕，行内覆膜；夏季覆膜，有膜部位地温高，不利于根系

生长。一般要在膜上撒些土或盖适量的杂草；覆膜后加快了有机质的分解，长期覆膜降低土壤肥力，采用地膜覆盖技术的果园，要增施有机肥和矿质肥料。

(2) 果园覆草　果园土壤用杂草、绿肥、麦糠、作物秸秆、树叶、碎柴草以及其他生物产生的有机物品覆盖的方法统称为果园覆草。山地、旱地、盐碱地果园实行树盘或全园覆草有利果树的生长发育。

①果园覆草的优点　果园覆草可以减小土壤温度、湿度的变化幅度及冻土层的厚度，早春化冻快，改善根系分布层土壤的温度条件，延长根系活动时间，增加树体贮藏营养；果园覆草可减少土壤水分的蒸发量，防止高温干旱天气伤害地下根系，提高根系吸收能力；果园覆草有利于水土保持，减少水分径流，防止土壤冲刷；果园覆草能增加土壤有机质含量，促进土壤微生物的活动，提高土壤肥力；果园覆草后，抑制了杂草生长，减少全年中耕除草的用工。

②果园覆草技术的应用　用于果园覆盖的生物制品来源广、种类多，各种作物秸秆与落叶、绿肥、杂草、堆厩肥、锯末及海草等生物产生的有机物都可因地制宜地加以利用。

果园覆草一般在土壤化冻后进行，也可在草源充足的夏季覆盖。覆草的厚度要在20～30厘米。树下覆麦秸或杂草，第一年每亩1 500千克，第二年1 000千克，第三年500千克可保持覆草20厘米。据生产经验，全园覆草不利于降水尽快渗入土壤，降水以蒸发方式消耗较多，因此生产中提倡树盘覆草。具体做法是：覆草前在两行树中间修筑30～50厘米宽的畦埂或作业道，树畦内整平使近树干处略高，盖草时树干周围留出大约20厘米的空隙，以便降雨后水沿树干和畦尽快渗入土壤。

③果园覆草要注意的问题　覆草前翻地、浇水；碳氮比大的覆盖物，要增施氮肥，满足微生物分解有机物对氮肥的需要；过长的覆盖物，如玉米秸、高粱秸等要切短，段长40厘米左右；

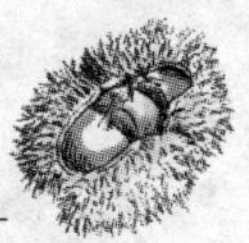

覆草后在草上星星点点压土，以防风刮和火灾，但切勿在草上全面压土，以免造成通气不畅；果园覆草改变了田间小气候，使果园生物种群发生了变化，覆草后不少害虫栖息草中，应注意向草上喷药。果园覆草应连年进行，至少保持5年以上才能充分发挥覆盖的效应。在覆盖期间不进行刨树盘或深翻扩穴等工作。连年覆草会引起果树根系上移，分布变浅，经覆草的果园不易改用其他土壤管理方法。

3. 间作　利用果园行间种植适宜的作物，增加经济收入。果园合理间作能促进土壤熟化、改良土壤结构、增加土壤有机质、改善微域生态条件、抑制杂草生长、减少水土流失。

间种作物种类应以不影响板栗树的生长，间种的作物又能生长良好为原则。一般要求间种作物应是生长期短；需肥水较少，大量需肥水的时期与板栗树错开；植株矮小，不影响板栗树的通风透光；能提高土壤肥力；与板栗树无共同病虫害，不是板栗树病虫害的中间寄主。

板栗树间种作物以豆类（包括花生）最好，其次是一些矮秆耐阴的药材等，有肥水条件的地区也可间作草莓等。高粱、玉米等高秆作物，易遮光又与板栗树争夺肥水，喷药等管理不方便，不宜种植。

为了缓和树体与间作物争肥、争水、争光的矛盾，同时便于管理，果树与间作物间应留出足够的空间。当果树行间透光带仅有1～1.5米时应停止间作。长期连作易造成某种元素贫乏，元素间比例失调或在土壤中遗留有毒物质，对果树和间作物生长发育均不利。

4. 生草　果园长期种植多年生禾本科、豆科等植物的土壤管理制度。我国板栗园多数在丘陵、低山、河滩上，土质瘠薄，有机质含量低（在1%以下）。果园生草、种植绿肥就地利用，是增加土壤有机质的有效途径，还可节省大量的积肥、运肥和中耕除草用工，降低生产成本。

（1）生草的方法　有人工种草和自然生草两种方法。

人工种草：根据果园的自然条件选择适宜的草种，进行人工栽培。

自然生草：果园自然长出的各种杂草，通过自然相互竞争和连续刈割，最后剩下几种适于当地自然条件的草种，实现果园生草的目的。

（2）生草制的种植形式

生草-清耕制：即行间生草，行内（株间）清耕制。在果树行间播种草种，播种的宽度取决于树冠的大小、整形方式和机械作业要求，一般为果树行距的2/3；行内采用清耕的方法。

生草-覆盖制：即行间生草，行内覆盖制。多采用行间生草，每年对行间种植的草多次刈割，用刈割的草在行内覆盖的形式。

生草-清耕轮换制：隔一行或数行生草，其他行间清耕，一年或数年进行倒茬轮换的种植形式。

全园生草制：即在果树的行间与株间均生草的土壤管理制度。

（3）果园生草制的优点　富集和转化土壤养分，增加土壤有机质、土壤氮素含量；改善土壤的结构和理化性质；防止地表土、肥、水的流失；改善果园的生态条件，调节土壤温度；节省除草用工等，降低生产成本。

（4）果园生草制的缺点及克服方法　生草制的果园，果树与草共生，二者之间存在着一定的矛盾。

果园生草增加了土壤水分的消耗量，特别是在土壤干燥，土层浅、根系不能向深层吸收水分的情况下，二者争夺水分的矛盾尤其突出。解决果园生草与果树争水矛盾的方法有：种植耗水量小的草种、采用蓄水保墒措施、干旱季节草与果树争水的矛盾突出时增加生草的刈割次数，减少草的水分消耗等。

果园生草增加了土壤养分的消耗，禾本科植物需氮量较多，豆科植物对磷的吸收量大。在草的旺盛生长期间，草与果树争肥现象尤其突出。解决这个矛盾的方法，一是通过刈割草的办法，二是对果树、草增施肥料。

连续多年生草后，土壤表层常因草根密挤而板结，影响通气和透水性，引起果树根系上翻，降低抗旱、抗寒能力。对生草制的果园要合理轮作，换茬时对果园土壤进行深翻。

（5）果园生草制采用的草种及栽培要点　果园草种主要采用多年生牧草和禾本科植物。常见较好的草种有白花三叶草、紫花苜蓿、黑麦草、紫穗槐等。

①白花三叶草　也叫白车轴草，荷兰翘摇。为豆科三叶草属多年生宿根性草本植物。新鲜三叶草含氮 0.48%、磷（以五氧化二磷计）0.13%、钾（以氧化钾计）0.44%。

白花三叶草喜温暖湿润气候，较其他三叶草适应性强。气温降至 0℃时部分老叶枯黄，小叶停止生长，但仍保持绿色；耐热性也很强，35℃左右的高温不会萎蔫。生长最适温度为 19～24℃。较耐阴，在果园生长良好，但在强遮阴的情况下易徒长。白花三叶草耐短时水淹，不耐干旱。对土壤要求不严格，耐瘠、耐酸，不耐盐碱。耐践踏、耐修剪，再生力强。

白花三叶草种子细小，播前需精细整地，翻耕后施入有机肥或磷肥，可春播也可秋播，北方地区以秋播为宜。果园每亩播种量为 750～1 000 克，多用条播，也可撒播，覆土要浅，1 厘米左右即可。播种前可用三叶草根瘤菌拌种，接种根瘤菌后，三叶草长势旺盛，固氮作用增强。拌种的方法是取三叶草根瘤捣碎，加水稀释后拌种，拌种时以湿透种子为准。也可用市售的三叶草根瘤菌剂拌种。苗期生长慢，要注意防除杂草为害。白花三叶草的花期长，种子成熟不一致，利用部分种子自然落地的特性，果园可达到自然生草，长年不衰。

由于白花三叶草生长快，具有匍匐茎，能迅速覆盖地面，草丛浓厚，具根瘤。种植三叶草可以提高土壤肥力；抑制杂草生长；调节地温，改善果树生长环境；防止水土流失；增强生物防

治能力，减少病虫害发生；提高果树产量和品质；果、牧结合发展，提高综合经济效益等。

白花三叶草植株低矮，一般30厘米左右，长到25厘米左右时进行刈割，刈割时留茬不低于5厘米，以利再生。每年可刈割2～4次，割下的草可就地覆盖。每次刈割后都要补充肥水。生草3年左右后草已老化，应及时翻耕，休闲1年后，重新播种。

②紫花苜蓿　又名苜蓿、牧蓿，豆科多年生宿根性草本植物。鲜苜蓿含氮0.56%、磷（以五氧化二磷计）0.18%、钾（以氧化钾计）0.31%。

紫花苜蓿喜温暖半干燥性气候，抗寒、抗旱、耐瘠薄、耐盐碱，但不耐涝。种子发芽的最低温度为5℃，幼苗期可耐－6℃的低温，植株能在－30℃的低温下越冬，对土壤要求不严，能在pH6.5～8、含盐量在0.3%以下的土壤上正常生长。

播种前施入农家肥及磷肥作底肥，以利根瘤形成。由于苜蓿种子细小，要做到精细整地、深耕细耙、上虚下实，并保持土壤水分。在从未种植过苜蓿的土壤上种植，播种前接种根瘤菌有很好的增产效果。可春播和夏播。春季墒情好时可早春播种，在春季干旱、风沙多的地区宜雨季播种，一般每亩用种量1千克，播种深度2～3厘米，采用条播，行距25～50厘米。苜蓿苗期植株矮小，易受杂草为害，应及时除草。苜蓿耗水量大，故在干旱季节、早春和每次刈割后灌溉，能显著提高苜蓿产量。

紫花苜蓿一般可利用5～7年，一年可刈割3～4茬，留茬高度5厘米，在第二年和第三年，年产鲜草达5 000～7 000千克左右，最佳收割期为始花期。

③多年生黑麦草　又名宿根黑麦草。为禾本科黑麦草属多年生草本植物。

多年生黑麦草喜温暖湿润气候，适于年降雨量700～1 500毫米地区，生长最适温度20～25℃，不耐炎热，35℃以上则生长不良；抗旱性差，适宜在肥沃、潮湿、排水良好的壤土和黏土

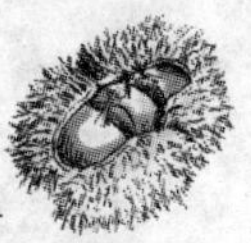

上种植，亦可在微酸性土壤上生长，适宜的土壤 pH 为 6～7，不宜在沙土上种植。

种植多年生黑麦草，要选择地势平坦、土质较好、排灌方便的地方栽种。由于种子细小，播种前应精细整地、施足底肥。春、秋均可播种，以秋播为宜，播种量 1～1.5 千克/亩，撒播和条播均可，条播行距 25～30 厘米，播种深度 2 厘米左右。黑麦草需水较多，在分蘖、拔节、抽穗期灌溉能显著提高产量，夏季灌溉可降低地温，有利越夏，多年生黑麦草苗期适应性较差，应及时进行中耕，消灭杂草，待分蘖盛期后，茎叶繁茂，有较强的抑制杂草的作用，刈割应在抽穗前或抽穗期进行。每次刈割后要追肥，以氮肥为主。多年生黑麦草一般寿命 4～5 年。多年生黑麦草丛生，须根发达，有良好的水土保持作用。

④紫穗槐　落叶丛生灌木，高可达 4 米以上。在一般情况下，栽植当年可生长 1 米以上。紫穗槐适应性强，耐旱、耐瘠、耐寒，不论荒山、沙地、路旁、水旁都能生长。

播前需要进行种子处理，碾破荚壳或用 70℃温水浸种 1～2 天，捞出后堆放，上盖湿麻袋，每天洒水一次，待种皮大部分开裂时即可播种。北方以土壤解冻后进行为宜；南方宜在 1 月中、下旬播种。播种方法采用条播，沟深 3～4 厘米，播幅宽 8～10 厘米，行距 18～20 厘米。每亩播种量 2～3 千克左右，现在一部分地区播种量有增大趋势。播种覆土 1～1.5 厘米，播后 8～10 天出苗。经 10～15 天苗木出齐后开始疏苗，一次疏苗到合理密度。也可进行插条和压根繁殖。

紫穗槐栽植在山地栗园的梯壁等处作为护坡植物或作为栗园的防护林，也可作绿肥施用，一般一年割一次或隔年割一次。

三、板栗园的施肥技术

果树多年生长在同一地点，每年生长、结果都需从土壤中吸收大量的营养元素。为了保证板栗生长、结果和丰产，必须通过施肥来满足板栗树在各个生长时期对各种营养元素的需要。无公害板栗园的施肥应以有机肥为主，化肥为辅，保持或增加土壤肥力及土壤微生物活性，所施用的肥料不应对果园环境和果实品质产生不良影响。

（一）板栗树的需肥特性

据测定，板栗对氮的吸收是在萌芽前即根系开始活动后就已开始，之后逐渐增加，直到采收前还在上升，采收后吸收量急剧下降，至 10 月下旬对氮的吸收基本停止。对磷的吸收在开花前吸收量较少，开花后到 9 月下旬的采收期吸收量比较多而稳定，采收后吸收很少，落叶前停止吸收。对钾的吸收在开花前较少，开花后迅速增加，从果实膨大期到采收期，吸收量最多，采收后则急剧下降，10 月下旬以后吸收量最少。因此，钾肥施肥的重要时期是在果实膨大期。

板栗除需充足的氮、磷、钾三要素外，对少量元素锰和硼特别敏感，如缺乏或不足，就会发生严重的生理障碍而影响生长发育。板栗是需锰量高的果树，据测定，生长发育正常的树叶片含锰量为 1 000～2 500 毫克/千克，缺锰叶片黄化、生长受阻。硼是板栗受精过程中必要的元素，缺乏硼就不能正常受精，导致胚胎早期败育，造成板栗有苞无栗（空苞），据调查，土壤有效硼含量为 0.50～1.00 毫克/千克以上的栗园，结果正常，空苞率低。硼肥的施用时期主要在萌芽开花期。

（二）无公害板栗园允许使用的肥料

农家肥料：堆肥、沤肥、厩肥、沼气肥、绿肥、作物秸秆肥、泥肥、饼肥等。

商品肥料：商品有机肥、腐殖酸类肥、微生物肥、有机复合肥、无机（矿质）肥、叶面肥、有机无机肥等。

其他肥料：由不含有毒物质的食品、鱼渣、牛羊毛废料、骨粉、氨基酸残渣、骨胶废渣、家禽家畜加工废料、糖厂废料等有机物料制成，经农业部门登记允许使用的肥料。

因板栗喜欢中性偏酸的土壤环境，施肥时要注意尽量用中性或酸性肥料，如施用碳酸氢铵、氨水等碱性肥料会伤害板栗的菌根，造成土壤碱化，严重影响板栗的正常生长。

农家肥料原则上就地生产就地使用。外来农家肥料应确认符合要求后才能使用。商品肥料及新型肥料必须通过国家有关部门的登记认证及生产许可，质量指标应达到国家有关标准的要求。生产无公害板栗的农家肥料（包括人畜禽粪尿、秸秆、杂草、泥炭等）需进行无害化处理，以杀灭各种寄生虫卵和病原菌、杂草种子，使之达到无害化的卫生标准。无害化处理的方法有高温堆腐法和沼气发酵法。

因施肥造成土壤、水源污染，或影响农作物生长、农产品达不到卫生标准时，要停止施用该肥料。

1. 人粪尿　人粪尿养分含量高，肥效快。其碳氮比（C/N）小于 10∶1，有利于微生物的分解，含氮的化合物比较简单。如人尿里的尿素，可以被作物直接吸收，因此是速效肥料。

此外，人粪尿中的养分利用率也是很高的，人粪尿中的氮素利用率为 50%～60%，比土粪高出 1 倍以上。

贮存人粪尿时要防止氮素损失。可适当选取相当于粪液 2～3 倍的细土、20%的草炭、3%～5%过磷酸钙或 3%～5%石膏保氮，另外加 0.5%硫酸亚铁即可保氮又可防臭。用水稀释减少氮素损失。将人粪尿与细土、秸秆、草皮等制成堆肥，即可促进秸秆腐熟，又可保肥。另外，还有沼气池法等。

人粪尿可用作基肥和追肥，但以用作追肥更适宜；人粪尿氮素比土粪高几倍，可以当作氮肥使用。

腐熟人粪尿不能与草木灰等碱性物质混存和同时施用，在旱地应用需加 3～5 倍水冲淡后在树盘内条施或穴施，施用后立即覆土，防止养分损失。

人粪尿虽然是一种有机肥料，但有机质含量较小，所以在质地疏松或有机质缺乏的土壤上，还应注意和圈肥、堆肥、绿肥等有机肥料同时施用。人粪尿还要与速效性磷肥和钾肥配合施用。如果用草木灰，必须分开施用，一般相隔1周左右，绝对不能混在一起，以免养分损失，降低肥效。在酸性土壤上，需要施用石灰时，也要与人粪尿分开施用。

2. 家畜粪尿与厩肥　家畜粪尿是指猪、牛、羊、马等饲养动物的排泄物。厩肥是家畜粪尿与各种垫圈物料混合堆沤后的肥料，或称圈肥。家畜粪的成分复杂，主要有纤维素、半纤维素、木质素、蛋白质、氨基酸、脂肪类、有机酸、酶和无机盐类。家畜尿的成分简单，主要有尿素、尿酸、马尿酸及钾、钠、钙、镁等无机盐类。厩肥的成分因家畜的种类、饲料的优劣、垫圈材料及用量等条件而异。

猪粪和猪厩肥适用于各种土壤和作物。牛粪细致，含水分多，有机质和养分含量在各种家畜中最低。粪内空气不易流通，分解缓慢，发热量少，有冷性肥料之称。马粪和马厩肥（包括骡、驴）属于热性肥料，对低洼地、黏土地和盐碱地，施用马粪效果较好。羊粪的特性介于马粪和牛粪之间，属于热性肥料，是一种优质有机肥，适用于各种土壤和作物。

家畜粪需要经过堆腐，使之腐熟才能施用。马、牛、羊粪尿一般采用圈外堆腐法，在圈内垫以秸秆、青草、泥炭、干土，吸收尿液，定期将粪尿与垫料一起运至圈外地势高的平地上堆积保存。对于猪粪尿也可采用圈内堆腐法，主要用深坑大圈堆腐。包括垫圈、灌水和起圈等项作业。垫圈材料（垫料）可用作物秸秆、落叶、锯末、泥炭、鲜草、干草和泥土等。

厩肥和家畜粪一般做基肥施用，全面撒施或集中施用均可，用量约每亩1 000～3 000千克，并注意与化肥配合施用。

3. 鸡粪　鸡粪养分含量丰富，是很好的肥料。每只蛋鸡一年大约能排粪36.4千克，每只肉鸡能排粪4.1千克（1～2个月）。鸡粪在堆积过程中氮素易损失。存放时一般先干燥存放，施用前再行沤制，沤制的主要方法有堆肥发酵法和沼气池发酵法。

堆肥发酵法：选择在通风好、地势高，最好远离居住区及鸡舍500米以上的下风向地方，将清理出的带垫料鸡粪堆积成堆，外面用泥浆封闭。一般夏季10天左右，冬季2个月左右即可腐熟。为了提高鸡粪的使用效果，做到粗肥精施，在腐熟鸡粪时可加入3～5倍粉碎的秸秆。

腐熟的鸡粪可做基肥，也可做追肥。

4. **堆肥** 堆肥是用秸秆、绿肥、落叶、杂草等有机物质和人粪尿、家畜粪尿、泥土等进行混合堆积腐熟而成的肥料。在堆积过程中，利用微生物的作用，将农作物不易利用的养分转变为能吸收的形态。堆肥的原料来源广泛，可就地取材。堆肥属热性肥料，养分齐全，肥效长，长期施用可起到改良土壤的作用，并能显著提高板栗产量和品质。

堆肥的养分含量受堆积原料种类与原料间比例的影响。

堆肥的方法：秸秆收获后，选择背风、向阳和离水源较近的地方进行堆制。将秸秆铡成碎段，将秸秆、人粪尿或畜禽粪尿、水按一定比例混合，堆高1.5～2米、宽3～4米，长度视材料多少和操作方便而定。堆好后用稀泥糊封，几天后堆内温度可达70℃左右，半月左右翻一次堆，一般翻两次堆后即可腐熟。

秸秆堆肥一般作基肥，每亩用量约1 500～2 000千克。

5. *沼渣、沼液* 农作物秸秆和畜禽粪便在沼气池内密闭发酵，在产生沼气的同时，可沤制出优质的有机肥；沼肥中因存留丰富的氨基酸、B族维生素、各种水解酶、某些植物激素和对病虫害有明显抑制作用的物质，所以是各类农作物、花卉、果树、蔬菜等的优良有机肥料，对各类作物均有增产和提高抗性的作用。

（1）沼渣、沼液的肥分含量 人粪尿，家畜粪尿和其他各种有机物，经过沼气密封发酵，不仅不会降低肥分，而且有效养分含量有所提高。

（2）沼渣、沼液在板栗生产中的应用 沼液叶面施肥：采自正常产气1个月以上的沼液，澄清、纱布过滤后加1～2倍清水进行叶面喷肥。喷肥时可单施，也可与化肥、农药、生长剂等混合施用。一般在果实膨大期或病虫害暴发期，每10天喷施1次。在上午露水干后进行，中午高温及暴雨前不施。一般每亩用沼液40～100千克。

沼液、沼渣可做追肥，以浅沟施为宜；沼渣也可用做基肥。

6. 饼肥　由于油饼中的蛋白质和糖类分解时产生各种有机酸，同时还产生高温，会给果树造成伤害，不宜直接施用。一般须粉碎，经过发酵腐熟后施用。发酵的方法，是将粉碎的油饼加入人粪尿共同堆沤15～20天，使其腐熟，或将粉碎的油饼与堆肥或厩肥同时堆积、发酵。油饼经发酵腐熟后，变成了速效性肥料，果树能很快吸收利用。饼肥在发酵过程中蛋白质转化成的氨态氮容易挥发损失，因此在发酵过程中，油饼发酵堆的四周和表面要用湿泥严封，不要翻堆，防止氨态氮挥发损失。

饼肥常用作基肥，也可作追肥。饼肥用作追肥时，应在需肥时期前1～2星期施用。饼肥的施用量少，供给土壤的有机质不多，同时这类有机质容易分解，残留在土壤中的腐殖质很少，对培养地力的作用不大，因此，应在施用圈肥堆肥的基础上使用饼肥。饼肥要求深施，深度在10～15厘米以下。

7. 化肥　栗园常用的化肥及有效成分含量见表6-1。

表6-1　栗园常用的化肥种类及有效成分含量

名称	含量（%）		
	氮	磷（五氧化二磷）	钾（氧化钾）
尿素	46.0		
硫酸铵	20.0		
过磷酸钙		12～18	
磷酸一铵	11～13	51～53	
磷酸二铵	16～21	46～54	
钙镁磷肥		16～18	
磷矿粉		19.4	
磷酸二氢钾		52.0	35.0
硫酸钾			48.0

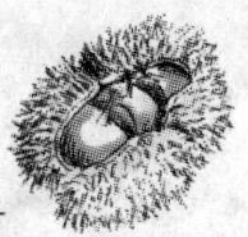

8. 复配肥料　由几种无机肥或无机和有机肥复配在一起，含有多种矿质营养和有机营养成分的一种混合肥料。如有机无机复合肥、果树专用肥等，养分较齐全、长效、缓效，有的具生物活性，可改良土壤，提高果实品质。

（三）无公害板栗园禁止使用的肥料

未经无害化处理的生活垃圾或含有金属、橡胶和有害物质的垃圾。

城市生活垃圾：目前我国城市生活垃圾无害化处理水平较低，因此，没有把握确定是否符合板栗无公害生产需要的城市生活垃圾，禁止使用。

硝态氮肥和未腐熟的人粪尿：如硝酸铵、硝酸钠、硝酸铵钙、硝酸钙等。

未获准登记的肥料产品。

（四）施肥种类与施肥量的确定

1. 施肥试验法与经验施肥法　施肥试验法即通过试验确定施肥量。综合各地施肥经验，依据《板栗丰产林》国家标准，每生产 100 千克板栗果实需要纯氮 3.2 千克、纯磷 0.76 千克、纯钾 1.28 千克，三者相对比例约为 2.5∶0.5∶1，并需补充一定量的各种微量元素。如果按有效成分折算为施肥量，则亩产 100 千克的板栗园，有机肥的施用量（按草垫圈肥折算）一般要达到 1 千克果 5 千克肥的标准。亩产 200 千克以上的丰产园，有机肥的施用量要达到 1 千克果 10 千克肥的水平。在此基础上，还需要追施一定量的速效性氮、磷、钾肥。

如施用其他有机肥料，可按应施用圈肥量的折合量来计算。每千克其他肥料折合圈肥千克数为：人粪 1.7 千克，人粪尿 1 千克，马粪 0.9 千克，牛粪 0.98 千克，羊粪 1.03 千克，鸡粪 2.4 千克，玉米秸 1 千克，麦秸 0.83 千克，棉籽饼 5.7 千克，花生饼 10.5 千克，芝麻饼 9.7 千克，菜籽饼 8.3 千克。

氮、磷、钾的适宜比例不是千篇一律的，由于各地土壤条件差异较大，而且不同年龄时期的果树对氮、磷、钾的需要量是不同的，因此很难确定统一的比例标准。但是各地在长期的施肥试验和生产实践中都探索出了适宜当地条件的氮、磷，钾配比。

2. 分析法　分析法分为土壤分析法和叶分析法。土壤分析法是通过土壤分析了解土壤的供肥量，再根据果树每年从土壤中吸收各元素的数量，扣除土壤的供肥量，确定合理的施肥量。叶分析是营养诊断中最易做到的标准化定量手段。大量的研究证明，叶片中的矿物质含量有一个正常的标准值，过高、过低都会使树体生长发育受到影响。在树体营养失调表现出肉眼能见到的症状之前，内部的矿质营养早已失衡，它们的产量和果实的品质已经下降。因此，通过叶分析诊断板栗树体内的营养状态，并及时采取措施，将其调整到最适状态是保证高产、优质的一项重要措施。

3. 形态诊断法　通过树体形态诊断可以直观地判断树体的营养状况。营养状况良好的栗树叶片大、厚而浓绿，新梢粗壮，芽眼饱满。

在某种元素缺乏或失调的情况下，往往在树体的外部形态上表现出一定的症状。由于各元素的生理作用和功能不同，其亏缺表现的形态特征也不相同。生产中常利用这种相关性判断树体的营养状况。缺氮时，叶面积小，叶色变黄，新梢生长量小，树势弱；但氮过量，则枝条徒长，发育不充实，落花落果严重，栗果含糖量降低，产量低。缺锰时，幼叶的叶脉深绿色呈网状纹，叶脉之间黄绿色或淡黄色，叶脉间出现坏死斑块脱落成穿孔状。缺硼时，嫩枝顶端萎缩，幼叶变厚，皱缩，质脆，空苞多，坚果小，迟熟，须根少。缺磷时，延迟开花，降低枝条的萌芽率，新梢表现衰弱、叶片小，栗树抗性弱。缺钾时，易出现细枝、枯梢现象。

（五）施肥方法

果树施肥除按树龄、结果多少确定施肥量外，还要考虑年周

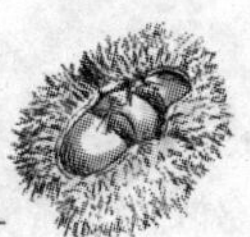

期内不同物候期对肥料的需要状况（即栗树年需肥规律），以及各种肥料的性质，确定施肥时期、施肥种类和各时期的施肥量，于需肥前及时施入适量的肥料。只有这样才能充分发挥肥效，满足果树生长发育的需要。果树施肥分为基肥、地下追肥和叶面喷肥 3 种。

1. 基肥　基肥是能较长时期供给果树养分的基础肥料。因为基肥主要是有机肥料，释放养分持续的时间较长，并含有多种营养元素，所以能保证果树全年对各种营养的不断供应。通过施用基肥还可以改良土壤结构、增加透气性、使土壤疏松、提高地温、减少根际冻害、调整酸碱度等。

（1）施肥时间　在采收后施用。这段时间栗树根系有一次生长高峰，施肥后根系伤口愈合快，部分肥料被吸收利用，可以促进当年后期叶片的光合作用，有利于生产、贮备来年春季用于根系、枝叶生长和开花坐果的营养物质。施入的肥料，经秋、冬的分解，次年发芽后树体能及时吸收利用。而春施基肥，根系伤口不能尽快愈合，肥料不能被及时吸收利用，至夏、秋肥效才发生作用，造成新梢二次旺盛生长，影响板栗花芽分化和果实发育。但在肥源不足的果园，施用基肥的时期可推迟到初冬上冻前和早春发芽前。

（2）肥料种类　基肥主要施用迟效性肥料，如圈肥、土肥、秸秆肥和饼肥（需腐熟）等有机肥料。这些有机肥料在肥效发挥快慢方面是有差异的。此外，还有迟效性化学肥料，如过磷酸钙、磷矿粉等。施用迟效性化学肥料，如过磷酸钙等，要与有机肥料混合沤制，减少土壤对磷的固定。

（3）施肥方法　主要采用挖沟施入和普撒翻入两种方法。施用基肥可结合园地深翻换土，将肥料与表土混合或分层施入沟的中、下层，经 2～3 年树冠下和株间普挖一遍后，再采用行间挖沟的施入方法。当全园土壤普挖一遍后，可采用地面普撒翻入地下的方法。如树体需进行更新时，再从行间挖沟施肥，使地上部与根系同时更新。

2. 追肥　追肥又叫补肥。根据栗树年周期需肥特点及时追肥，可以调节栗树生长和结果的矛盾。追肥可分地下追肥（简称追肥）和叶面喷肥（简称喷肥）。

（1）地下追肥

①追肥的时期　幼树萌芽期前后结合浇水每株追施尿素和复合肥各150～200克。结果期的栗园在萌芽期、春梢速长期和果实膨大期（采收前20～30天）各追肥1次，前期以氮肥为主，每株300～600克尿素、500～1 000克过磷酸钙，开花前每株施100～150克硼砂，可明显提高结实率，并且籽粒饱满，色泽鲜明，品质高，减少“空苞”。后期以磷、钾肥为主，每株施氮、磷、钾复合肥500～800克。

②追肥的种类　氮肥有硫酸铵、氯化铵等；磷肥有过磷酸钙等；钾肥有硫酸钾、窑灰钾肥、氯化钾等；氮磷肥有磷酸一铵、磷酸二铵等；磷、钾肥有磷酸二氢钾等；多元素肥料有钙镁磷肥、腐熟的人畜禽粪尿及沼渣、沼液等。

③追肥的方法　经翻刨树盘的园地，可在树冠范围内撒施，一般情况下采用小穴追肥法，即在树冠范围内用铁锹挖深度10厘米左右的浅坑，每株6～10个，将肥料撒入坑内，填平，浇水。

（2）叶面喷肥　此法简单易行，用肥量小，发挥作用快，能及时满足果树对肥的急需，并可避免某些营养元素在土壤中发生化学和生物固定。在缺水季节或缺水地区以及不便施肥的山坡果园，效果更佳。但叶面喷施并不能代替土壤施肥。

叶面喷肥主要是通过叶片上的气孔和角质层首先进入叶片。一般喷后15分钟到两小时即可被果树叶片吸收利用。一般情况下，幼叶较老叶、叶背较叶面吸收快，吸收率也高，不仅如此，枝条、新梢也有吸收能力，因此，在喷施时一定要均匀，特别是叶背更要喷到，以利吸收。另外，不同的营养元素在树体内移动程度是不同的。氮、钾、钠属极易移动元素，其次为硫与氯。不易移动的有锌、铜、锰和钼。几乎不移动的是硼、镁、钙和钡。一般不易移动的元素，肥液最好直接喷于所需要的部位上。

叶面喷肥最适宜的温度为 18～25℃，喷布时间最好在上午 10 时以前和下午 4 时以后，以免气温高，溶液很快浓缩，影响喷肥效果或导致肥害。

喷肥在生长季节进行，在叶幕形成后开始每隔 10～15 天喷洒 1 次，可收到良好的效果。其中尿素和过磷酸钙不能与草木灰、石灰混用。各种肥料以单独喷布效果较好且安全，但也可与一些药剂混合喷布，如尿素可与波尔多液等农药混合喷布等。肥料与其他农药混喷时，为了避免造成不应有的损失，应事先进行混合喷施试验，1 周内无药害并不降低药效时，再进行大面积喷施。

叶面肥料一般应选择能快速进入树体的肥料。氮肥可选择硫酸铵、腐熟的人粪尿或尿素，其中以尿素应用最广，效果最好。钾肥可选择草木灰、硫酸钾、磷酸二氢钾。磷肥可选择磷酸铵、过磷酸钙。也可选各种专用复合肥，如农乐宝、高美施、喷施宝等。当表现出微量元素缺乏症时，要及时喷布微肥，如缺铁可用硫酸亚铁、柠檬酸铁、硝基黄腐酸铁，缺锌可用硫酸锌，缺硼可喷布硼砂或硼酸，缺钙可喷布氨基酸钙、瑞恩钙。部分叶面肥料种类与喷施浓度见表 6-2。

表 6-2　果树叶面喷肥常用肥料种类与喷施浓度

肥料名称	元素养分含量（%）	喷布水溶液浓度（%）	喷布时期
尿素	氮 46	0.2～0.5	生长期
硫酸铵	氮 20～21	0.1～0.3	生长期
磷酸铵	氮 18、磷 46	0.3～0.5	生长期
过磷酸钙	磷 12～18	1～3（浸出液）	花后至采收前
磷酸二氢钾	磷 24、钾 27	0.2～0.3	生长期
硫酸钾	钾 48～52	0.3～0.8	花后至采收前
硫酸亚铁	铁 20	0.4	花后至采收期

（续）

肥料名称	元素养分含量(%)	喷布水溶液浓度（%）	喷布时期
尿素铁	铁 9.3、氮 35	0.2～0.5	生长期
黄腐酸铁	铁 0.2～0.4	0.3	生长期
硫酸锌	锌 35～40	0.1～0.4	萌芽时，采收前
硼酸	硼 17.5	0.1～0.5	花期
硼砂	硼 11	0.1～0.25	花期
硫酸锰	锰 32.5	0.3～0.5	生长期
沼液		澄清、纱布过滤后加水 1～2 倍	生长期

四、板栗园的灌水与排水

（一）板栗园的灌水

1. 灌水时期　栗树虽然比较耐旱，但在定植到成活前这段时期的水分管理很重要。板栗生长的不同物候期对水分的要求和反应不同，春季早春萌芽和开花前遇干旱灌水有利于新梢生长和雌花分化。在新梢加速生长和果实迅速膨大期需水量多而重要，是确保产量和品质的关键时期，如遇干旱一定要及时灌水。

2. 灌水方法　灌水方法应依照提高效益、节约用水和便于管理的原则确定，目前主要有以下几种方法：

（1）畦灌　土地平整的地块，可采用畦灌。一般 1 行为 1 畦，畦不宜过大。灌水时要求水量均匀，以浇透为准。此法简单易行，投资较少，但耗水量大，适于水源充足的地区。用此法灌水后土壤易板结，应及时中耕。

（2）沟灌　土地不平整，水源又缺乏地区，可开沟灌水，即在树行、株间根系分布的外围开沟灌水，灌水后封土保墒。此法省水，土壤结构破坏小，但比畦灌用工多。

（3）喷灌　是用有一定压力的水通过管道、喷灌机，喷到栗树或地面上的灌水方法。它适用于不平整的园地，具有省工、省水、保土、保肥、不破坏土壤结构并能改善栗园小气候的特点。

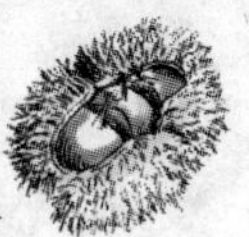

此外，还可与喷肥、喷药相结合。但栗园喷灌投资较大。喷灌机有固定式和移动式的两种。

（4）滴灌　是近年来新发展的一种灌溉方法。水通过预先设置的管道和滴头，以水滴状态缓慢滴入栗树根系附近，使土壤保持适宜的含水量。这种方法最大的特点是省水，对栗树有明显的增产效果，同时还不破坏土壤结构，特别适用于山区缺水栗园。只要加强管材保护，减少人为损失，也是很有前途的。

（5）渗灌　在地下深1米左右的地方铺设特制的低压塑料管或陶管，形成管网，由水泵加压后，水通过管道表面的众多小孔，直接渗透到根部的土壤，供根系吸收利用。其优点是水分没有输水渠道的渗漏和蒸发，比地面灌水节约40％左右，省工、省时。

（6）小管出流　主要是针对国产微灌系统在使用过程中灌水器易被堵塞的难题，采用超大流道塑料小管代替微灌滴头，并辅以田间渗水沟，而形成一套微灌系统。小管出流具有省水、管道不易堵塞、施肥方便、适应面广、操作简单、管理方便的特点。

（二）板栗园排水

栗树不耐涝，连续积水1～2个月，根系就开始腐烂，树体死亡。因此在排水不良的地方，应加强排水管理。排水是解决土壤中水分和空气的矛盾，以及防涝保树的主要措施。如果栗园排水不良，土壤水分过多，氧气不足，会抑制根系的生长和吸收功能，造成“生理干旱”，甚至引起根的大量死亡。此外，土壤水分过多，通气不良，还会抑制好气性细菌的活动，影响营养元素的吸收；同时也会使土壤中氧化还原电位低，产生有害的还原性物质，如硫化氢、甲烷等，它们对根系有毒害作用。另外，栗园排水不良易引起土壤盐渍化，影响栗树的正常生长和结果。

在栗园设计时，应根据栗园的具体情况，妥善安排排水系统。对缺乏排水系统的现有栗园，也应积极采取补救措施，尽量减少因涝害造成的损失。

平原栗园或盐碱较重的栗园，可顺地势在园内及四周修建排水沟，把多余水顺沟排出园外；也可采用深沟高畦（台田）或适度培土等方法，降低地下水位，防止返碱，以利雨季排涝。山地栗园要搞好水土保持工程，防止因洪水下泄而造成冲刷。涝洼地栗园，可修建台田或在一定距离修建蓄水池、蓄水窖和小型水库，将地面径流贮存起来备用或排走。由于地下不透水层引起的栗园积水，应结合栗园深翻打通不透水层使水下渗。

对已受涝害的栗树，首先要排出积水，并将根颈和粗根部分的土壤扒开晾根，及时松土散墒，使土壤通气，促使根系尽快恢复生理机能。

（三）板栗园自然降水蓄存技术

北方山区存在着水源不足等弊端，为了解决这个矛盾，河北省农林科学院石家庄果树研究所自 1990 年开始进行山区自然降水高效蓄存试验示范，并取得了明显的效果。

片麻岩、花岗岩山体自然降水的蓄存技术：片麻岩结构的山

图 6-1　拦水埂法

体土层分化深、质地粗、渗水快，非特大暴雨难以形成地面径流，但下雨后浅层土壤饱和水充足，据此特点除山坡挖鱼鳞坑种植栗树外，应以树为单位于树下筑拦水埂（图 6－1），也可建立拦、蓄、输水工程等，主要包括以下内容：

（1）沟谷建固防坝拦蓄地面径流，防治水土流失。

（2）在不同高度的沟谷上选择土壤饱和水流汇聚集中的位置建截浅流塘坝，拦蓄山水。截浅流塘坝建在山旱地栗园上部、土壤饱和水流汇聚集中的沟谷中。拦截坝宽 1 米、高 2 米、长 15 米，水泥结构。蓄集的雨水蓄存于密封拦蓄池中。输水管道用 4 厘米的硬塑料管。截浅流的位置较高，比栗园最上部一排蓄水池高 10 米，便于自流输水。

（3）在山顶、梁、垴、坡、洼、沟谷适宜地点建大、中、小型地下密封蓄水池、蓄水袋蓄存地表径流和截浅流拦蓄的控山水。

北方干旱区常用水泥防渗圆柱形敞口半地下蓄水池，从表 6－3 可明显看出，此类型蓄水池，露天蓄水，蓄水效益不高，主要原因：一是该类型蓄水池敞口，北方山区每年 1 800～2 300 毫米的蒸发量无法控制；二是冬季池水结冰，池壁极易冻坏，水泥防渗层冻裂变酥碎而脱落，冰溶后严重渗漏，到 5 月底、6 月上旬抗旱关键时期池水所剩甚微。

地下密封蓄水池是参照水窖的形式设计出来的适用于山旱地的高效越冬蓄水设施，其结构是宽 2～3 米、高 2～3 米、长20～60 米的砖石水泥建筑，顶可用砖石拱券，也可用水泥预制板棚盖，上部覆土，厚度要超过当地冻土层，一般在 1 米以上，池顶仍可种植。水池的长边可直也可随山形弯曲，但必须水平。按其容积可分大（300 米^3 以上）、中（100～300 米^3）、小（100 米^3 以下）3 个类型。蓄水池是全地下密封池，蒸发量小，不渗漏；水闭光，长期蓄存水质不变。如表 6－3 所示，蓄水长达 9 个多月，蓄存率为 98.75%。一个 120 米^3 的蓄水池，可满足 10 亩旱地果树一年抗旱和喷药用水。农民自己建这样一个 120 米^3 的蓄水池需投资 8 000～10 000 元，一般果农可以承受。

表 6-3　不同类型蓄水池蓄水效益比较

类　型	容积(米^3)	蓄水期(年/月/日)	存水量(米^3)	效率(%)
露天蓄水池	80	1998/8/21 至 1999/6/5	31.0	38.75
地下密封蓄水池	120	1998/8/21 至 1999/6/5	118.5	98.75
简易蓄水袋	120	1998/8/21 至 1999/6/5	120.0	100.00

简易蓄水袋是为贫困地区农民研究出的一种简易高效蓄水设施。结构简单，在土层深厚的高地或山坡梯田的果树行间，挖宽 1～2 米、深 1～2 米、长 30～50 米的水平沟，用铁锹铲平四壁和底面（不能有扎破塑膜的硬物），买筒形塑膜（袋厚 0.88 毫米，筒周尺寸等于沟深加宽的 2 倍，长比沟长多出 2.5 个沟深），放置沟内跷起两头，雨季或用地表径流，或用截浅流，或用扬水站的水蓄满袋后用绳捆紧两头，然后用水泥板盖顶或用木棒、秸杆棚顶并覆土防冻，这样闭光蓄存，水质长期不变，不冻、不漏、不蒸发。但必须注意蓄水袋不能有损伤破口，蓄水期间还要严防鼠害。根据试用情况分析蓄水袋在地下闭光蓄水与空气隔绝，老化速度极慢，如无机械损伤，可以连续使用 5 年。

(4) 在山下沟谷控山水小溪汇合处建小型水库。

(5) 建扬水站、埋设输水管道连接水库、蓄水池、截浅流池塘，并与膜下管注或微喷等灌溉方法构成蓄节灌体系。

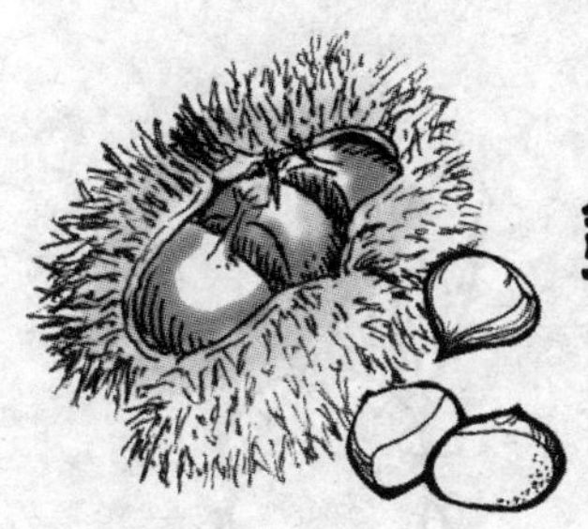

第七章　板栗病虫害及防治

我国板栗病虫种类很多，常见危害较重的虫害有 21 种、病害 12 种，以下就其为害特征、发生规律、形态特征以及防治方法进行叙述。

一、板栗害虫的发生及防治

（一）栗叶螨

栗叶螨（*Oligonychus ununguis* Jacobi）又叫针叶小爪螨、栗红蜘蛛、栗小爪螨、云杉小爪螨，属蛛形纲，蜱螨目，在我国板栗产区均有分布。该害虫在华南、华中一带严重为害杉木，在北方主要为害板栗和橡树，每年均有发生，干旱年份发生严重。栗叶螨是为害板栗的重要害虫之一，其发生量大、繁殖迅速，防治难度大（图 7-1）。

1. 为害特征　该虫以若螨或成螨刺吸叶片内营养，叶片受害时沿叶脉两侧失绿，出现灰白色斑块、叶片变黄，严重时，常在 7～8 月份叶片失绿呈“火燎”状，变褐、焦枯至落叶，严重地影响叶片的光合作用，致树体衰弱，造成板栗减产并影响翌年产量。

2. 发生规律　一年发生 5～9 代，以卵在 1～4 年生枝条的芽周围、树干粗皮裂缝和枝杈等处越冬，第二年春天栗芽开始萌动时，越冬卵开始孵化。燕山板栗产区越冬卵孵化盛期在 5 月上

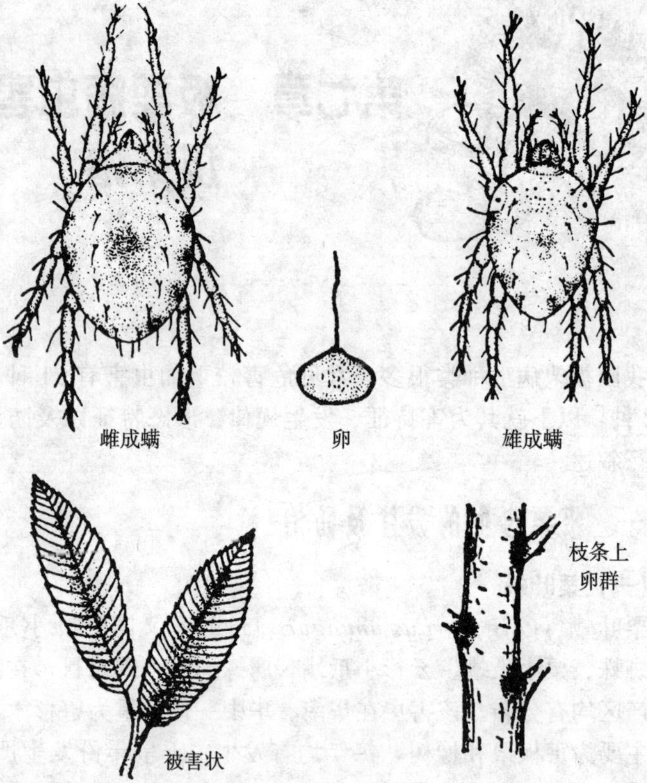

雌成螨　卵　雄成螨

被害状　枝条上卵群

图 7-1　栗叶螨

旬，5 月底孵化基本结束。若螨孵化后即集中到幼嫩叶片主脉附近群聚取食为害。从第二代红蜘蛛孵化即出现世代重叠。6～8 月是为害最重的时期。成螨将卵产在叶片正面的叶脉两侧，6～9 天孵化为若虫。栗红蜘蛛的发生与气候条件密切相关，持续的高温干旱有利于大发生，降雨频繁且雨量大的年份发生为害较轻。

3. 形态特征　雌成螨体长 0.49 毫米，宽 0.32 毫米，椭圆形，红褐色，体背隆起，前端稍宽，末端尖细。雄成螨体长 0.33 毫米，宽 0.18 毫米，体瘦小，绿褐色，后足体及体末端逐渐尖瘦，第一、四对足超过体长。幼螨足3对，冬卵初孵幼螨红色，夏卵初孵幼螨乳白色，取食后渐变为褐色至绿褐色。若螨足4对，体绿褐色，形似成螨。卵葱头状，卵顶有一根白色钢毛，以毛基部为中心向四周形成放射刻纹，初产卵乳白色，近孵化时变为红色；冬卵暗红色。

4. 防治措施

(1) 人工防治　刮树皮，剪除病虫枝，清理枯枝落叶集中烧毁：一般在冬季或早春结合修剪进行，以消灭越冬虫卵，降低为害基数。

绑草把诱杀：秋末在树干和主枝基部绑上草把，诱集越冬雌成螨，冬季将草把收集，集中烧毁。

(2) 药剂涂干　当板栗树展叶抽梢时，越冬卵开始孵化。此期可使用3～5波美度石硫合剂涂干，效果较好。

(3) 天敌防治　栗园天敌种类较多，常见的有草蛉、食螨瓢虫、蓟马、小黑花蝽及多种捕食螨，应加强保护和利用，以有效控制栗红蜘蛛的发生和为害。

(4) 药剂防治　发芽前，喷施3～5波美度石硫合剂。在第一代若螨集中孵化期，树上喷洒选择性杀螨剂20%四螨嗪悬浮剂3 000倍液，5%噻螨酮乳油2 000倍液。在夏季活动螨发生高峰期，喷洒15%哒螨灵乳油2 000～3 000倍液、或1.8%阿维菌素乳油6 000倍、或73%克螨特乳油1 000～3 000倍液、或25%三唑锡可湿性粉剂1 500倍液，对活动螨均有较好的防治效果。

(二) 桃蛀螟

桃蛀螟（*Dichocris punctiferlais* Guenee）又名豹纹斑螟，属鳞翅目螟蛾科（Pyralidae）。在我国分布很广，幼虫主要为害桃、板栗、梨、苹果、山楂、石榴、核桃、杏、樱桃、枣、李、梅、葡萄、柑橘、枇杷、龙眼、脐橙、柚、甜橙、无花果、荔枝、芒果、木菠萝、木瓜等果树的果实，还为害玉米、向日葵、高粱、大豆、扁豆、姜科、棉花、蓖麻、松杉、桧柏等农林作物。在板栗上为害严重，是一种杂食性害虫（图 7-2）。

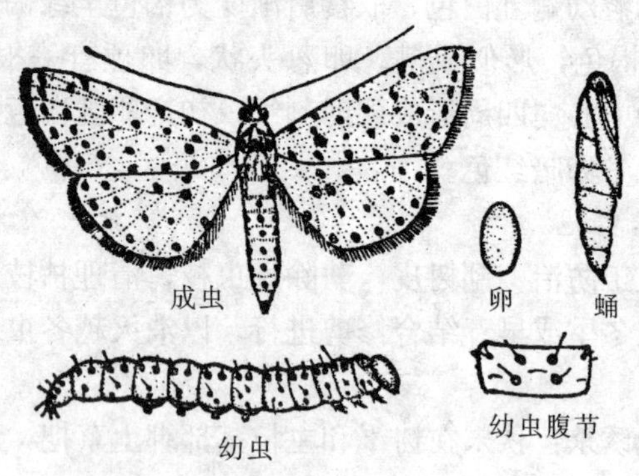

图 7-2 桃蛀螟

1. 为害特征　被蛀栗苞上可见虫粪。

2. 发生规律　在我国燕山板栗产区每年发生 3 代，以老熟幼虫在板栗堆果场、树干缝隙、栗蓬、墙角、石缝、仓库、向日葵花盘及秸秆、玉米秸秆等隐蔽处作茧越冬。翌年 4 月中旬开始化蛹。5 月上旬越冬代成虫开始羽化，由于发生不整齐，一直持续到 6 月中旬，其发生量很小。第一代成虫于 7 月上、中旬至 8 月中、下旬羽化，第二代成虫于 8 月上、中旬发生至 9 月中旬，世代重叠现象明显。羽化较晚的部分第一代成虫和第二代成虫将卵产于栗总苞开裂处的针刺间，卵散产，卵期 5～7 天，幼虫孵化后直接蛀入栗蓬，先在栗苞壳与栗实之间取食，后蛀食栗实，并将虫粪排出蛀入孔外，以丝状物将粪相粘连。该幼虫可蛀食同一栗苞内的栗实，造成同一栗苞内的 1～3 个坚果被害。该害虫一直为害至 10 月下旬，成熟后以老熟幼虫作茧，陆续越冬。部分发生较晚的第三代（越冬代）幼虫，到 10 月下旬也停止取食，作茧越冬。成虫对黑光灯有强烈的趋性，对糖醋味也有趋性，白天叶背静伏，晚间在栗苞针间产卵，幼虫孵出后蛀食栗苞，3 龄起蛀入栗果内。从栗苞形成到采收都受到不同龄期幼虫的为害，

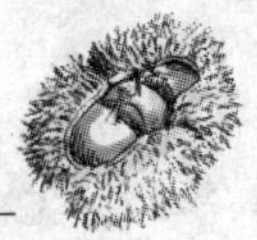

尤以后期发生的幼虫为害栗苞最为严重。

3. 形态特征　成虫体长9～14毫米，翅展22～25毫米，黄至橙黄色，体、翅表面具许多黑斑点似豹纹。雄虫腹末黑色。卵椭圆形，长0.6毫米，宽0.4毫米，表面粗糙布细微圆点，初乳白渐变橘黄、红褐色。老熟幼虫体长22～27毫米，头部暗褐色，胸、腹部暗红褐色，腹面淡绿色。胴部第2～11节各有灰褐色毛片8个，略排成2横排，前6后2。蛹长13毫米，初淡黄绿后变褐色，臀棘细长，末端有曲刺6根。茧长椭圆形，灰白色。

4. 防治措施

(1) 清源防治　清除越冬幼虫，冬、春季清除地面落果、空栗苞，摘除虫苞，将栗树枝干的老翘皮刮净，集中处理，以消灭越冬幼虫。越冬幼虫化蛹前，及早处理向日葵、玉米、高粱、蓖麻等秸秆和穗轴，减少越冬幼虫的发生基数。

(2) 利用向日葵诱杀　据我们研究发现，桃蛀螟对向日葵有较强的嗜好。利用这一特性，在板栗园合理的种植向日葵来诱集桃蛀螟，然后集中消灭。燕山栗区一般于6月上、中旬（山地）、6月中、下旬（平原）在板栗园内及栗园周边，距栗树20～50米处酌情种植当地黑色种皮向日葵品种或油葵，使向日葵的花期与桃蛀螟第二代成虫发生期相吻合，以诱集成虫在向日葵花盘上产卵，减少板栗被害率。及时采收8月上旬以前成熟的向日葵花盘，脱粒后及时烧毁或让鸡啄食，以降低第二代成虫的发生数量。同样，于10月中旬前及时处理带虫花盘，降低来年桃蛀螟的发生量。该措施可有效地控制板栗园内桃蛀螟的为害。

(3) 性信息激素＋黏虫胶诱捕器防治　利用桃蛀螟性信息素＋黏虫胶诱捕器诱捕桃蛀螟雄成虫，使其失去交尾能力，从而减少雌虫有效卵的数量。

(4) 诱杀成虫　在板栗园内设置黑光灯和糖醋液，利用黑光灯和糖醋液诱杀成虫，有效降低雌成虫的有效卵量。

(5) 药剂防治　药剂防治的最佳时期是成虫产卵后和幼虫孵

化初期。产卵盛期喷洒30%桃小灵乳油1 000～1 500倍液。幼虫孵化初期喷洒苏云金杆菌75～150倍液或青虫菌液100～200倍液、或25%灭幼脲3号2 500倍液、或2.5%的溴氰菊酯2 000倍液防治。

（三）栗象

栗象（*Curulio davidi* Fairmaire）又叫板栗象鼻虫、栗实象甲、栗实象鼻虫，属鞘翅目，象虫科。在我国各板栗产区均有分布。主要寄主是栗属、榛、栎等植物。是为害板栗的一种主要害虫（图7-3）。

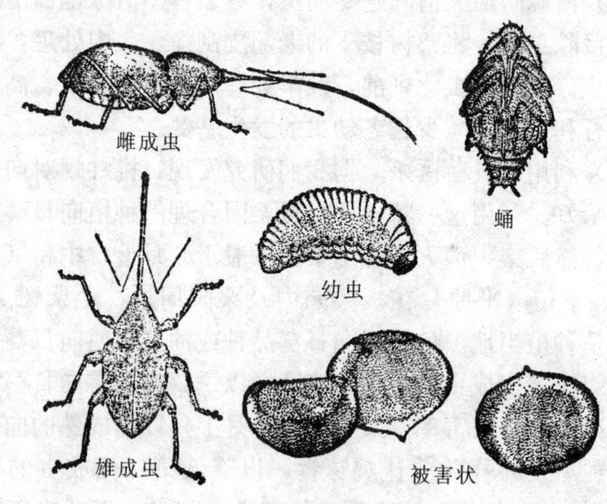

图7-3 栗 象

1. 为害症状 幼虫在栗实内取食，形成较大的坑道，内部充满虫粪。被害栗实易霉烂变质，完全失去发芽能力和食用价值。老熟幼虫脱果后在果皮上留下圆形脱果孔。

2. 形态特征 成虫体长5～9毫米、宽2.6～3.7毫米，体呈梭形，深黑色，被覆黑褐色或灰色鳞毛，喙细长，端部1/3略弯。雌虫喙略长于身体，触角着生于喙基部1/3处。雄虫喙略短

于身体，触角着生于喙中间之前。前胸背板宽略大于长，密布刻点。鞘翅肩较圆，向后缩窄，端部圆。足细长，腿节端部膨大，内侧有一刺突。卵长约1毫米，椭圆形，初期白色透明，后期变为乳白色。幼虫体长8～12毫米，头部黄褐色或红褐色。口器黑褐色。身体乳白色或黄白色，多横皱褶，略弯曲，疏生短毛。蛹体长7.0～11.5毫米，初期为乳白色，以后逐渐变为黑色，羽化前呈灰黑色。喙管伸向腹部下方。

3. 发生规律　栗象在云南等地1年1代，在长江流域以北两年完成1代，以老熟幼虫在土中做土室越冬。越冬幼虫于6月中、下旬在土室内化蛹，7月上、中旬成虫羽化，7月下旬为成虫羽化盛期。8月中旬栗苞迅速膨大期为成虫出土盛期，直到9月上、中旬结束。成虫出土后取食嫩叶，白天在树冠内活动，受惊扰后就迅速飞去或假死落地；夜间不活动。每处产卵1粒，偶有2粒或3粒者。每头雌成虫可产卵10～15粒。卵期8～12天。幼虫孵化后蛀入种仁取食，排粪便于其中。10月下旬咬破果皮脱果入土越冬。

4. 防治措施

(1) 栽培抗虫品种　由于栗象的为害程度与品种、立地条件密切相关，在实际生产中要选育栽培球苞大，苞刺稠密、坚硬，并且高产、优质的抗虫品种。栽植地点多选择在平坦肥沃土地上栽种。

(2) 加强栽培管理　增施肥水，提高树势，搞好栗园深翻改土，消灭越冬幼虫的为害基数。

(3) 人工防治　及时拾取落地虫果，集中烧毁或深埋，消灭其中的幼虫。或利用成虫的假死习性，在发生期振树，虫落地后捕杀。栗果成熟后及时采收，堆放栗苞最好选用水泥晒场或硬场地，堆果期间可放鸡在堆果场啄食幼虫。

(4) 药剂熏蒸　将新脱粒的栗实放在密闭条件下熏蒸。各种药剂用量和处理时间如下：①溴甲烷；每立方米栗实用药量60

克，处理4小时；②二硫化碳：每立方米栗实用30毫升，处理20小时；药剂处理要严格掌握用药量和处理时间，用药量过大或处理时间过长，会增加药剂在栗实中的残留量。

（5）药剂土壤处理　在虫口密度大的栗园，在成虫出土前地面撒施5%辛硫磷粉剂。喷药后及时浅锄，将药剂混入土中。在土质的堆栗场上，脱粒结束后用同样药剂处理土壤，杀死其中的幼虫。

（6）喷药防治　在成虫产卵前树冠喷洒50%辛硫磷乳油1 000倍液或2.5%的溴氰菊酯2 000倍液，杀死大量成虫，阻止产卵为害。

（四）大灰象

大灰象（*Sympiezomias velatus* Chevrolat）又叫日本大灰象，属鞘翅目，象甲科。分布于我国辽宁、内蒙古、河北、河南、山东、山西、陕西、安徽、湖北等省、自治区。是北方常见的果树害虫。食性杂，寄主植物多，有41科70属101种。主要为害板栗、苹果、梨、樱桃、李、杏、核桃等果树，及紫穗槐、刺槐、棉花、甘薯、大豆等农林作物。

1. 为害症状　大灰象成虫为害芽、叶，使其出现许多圆形、半圆形孔洞或不规则缺刻。幼虫取食植物地下部组织。

2. 形态特征　成虫体长7.3～12.1毫米，宽3.2～5.2毫米。灰黄至灰黑色，密被灰白带金黄色和褐色鳞片。前胸背板中央黑褐色，两侧有淡色纵纹。中沟细、裸露或部分覆鳞片。鞘翅中间、前后和两侧散布褐色云斑。复眼黑色，卵圆形，头管粗而宽，表面具3条纵沟，中央一沟黑色，先端呈三角形凹入。卵长椭圆形，长约1.2毫米，宽0.4毫米，初产时乳白色，两端半透明，后变为黄褐色，20～30粒排成块状。初孵幼虫体长1.5毫米，老熟幼虫体长17毫米左右，乳白色，头部米黄色，体弯曲，无足。蛹长椭圆形，长约10毫米，初为乳白色，渐变为黄色或暗灰色。

3. 发生规律　大灰象在我国北方多为1年1代，也有2年发生1代者。1年1代的以成虫在土中越冬。越冬成虫翌年4月开始出土活动，6月下旬大量产卵。卵产于叶片上。幼虫生活在土中，取食腐殖质和植物须根。幼虫老熟后在土中化蛹，成虫羽化后不出土即越冬。2年完成1代的第一年以幼虫越冬，第二年以成虫越冬。成虫不能飞，动作迟缓，白天多潜伏于土缝或叶片上，早晚取食，交尾、产卵。成虫有假死性，遇强烈震动即落地假死不动。

4. 防治措施

（1）人工防治　成虫发生期组织人力捕杀成虫。

（2）地面喷药　在成虫羽化盛期和成虫产卵高峰期，往地面喷洒50%辛硫磷乳油1 000倍液，40.7%毒死蜱乳剂1 500倍液，对成虫和初孵幼虫均有较好的防治效果。

（3）树上喷药　成虫为害高峰期，往树上喷洒2.5%溴氰菊酯乳油2 500倍液，40.7%毒死蜱乳油2 000倍液。

（五）栗皮夜蛾

栗皮夜蛾（*Characoma ruficirra* Hampson）属鳞翅目，夜蛾科，是为害板栗的主要害虫之一，除为害板栗外，还为害橡树。

1. 为害特征　幼虫蛀食板栗幼苞、雄花序和栗实，并造成落果，对产量和质量影响很大。

2. 发生规律　1年发生2～3代。以老熟幼虫在落地栗苞刺束间或树皮裂缝中结茧化蛹越冬，也有报道以幼虫越冬者。5月下旬至6月上旬羽化为成虫，成虫产卵于新梢幼叶或幼蓬上，卵期约4天，后蛀入栗苞内取食，6月下旬羽化为成虫并产第2代卵，7月中、下旬是为害盛期，8月中、下旬第3代卵产于栗苞上。成虫多夜间产卵，幼虫化蛹场所高度集中在原被害蓬上，被害栗苞有幼虫结成的丝网，丝网上有粪便，苞刺变黄干枯，顶端开裂露出坚果。第1、2代为害板栗较重，第3代为害较轻（图7-4）。

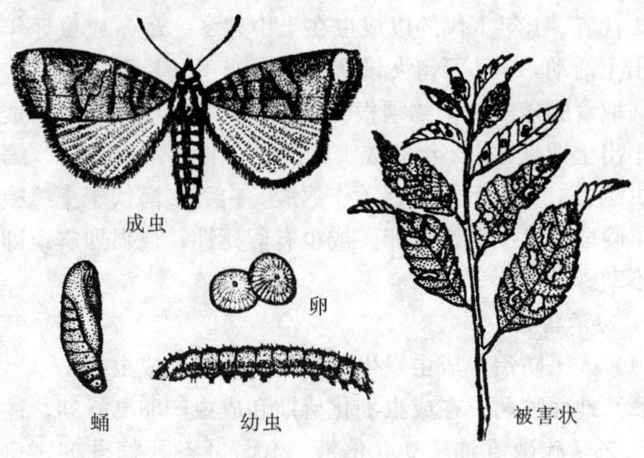

图 7-4　栗皮夜蛾

3. 形态特征　成虫体长 8～10 毫米，淡灰黑色，前翅上有 1 条弯曲似眉毛的短线，内横线为平行的黑色双线。卵半球形，顶端有 1 圆形突起，周围有放射状隆起线，初产时乳白色，后变枯黄色，孵化前灰白色。老熟幼虫体长 12～14 毫米，绿褐色，中、后胸背面有 6 个矩形毛片，横向排成直线。

4. 防治措施

(1) 秋、冬季清洁栗园　清除栗园内的枯枝、落叶、苞皮，集中烧毁，减少害虫的越冬基数。

(2) 加强栽培管理　增施肥水，增强树势，提高树体自身的抗病虫害的能力，促进栗树健康生长。

(3) 黑光灯诱杀　利用成虫趋光性设置黑光灯诱杀其成虫，能降低其有效卵的数量。

(4) 药剂防治　在幼虫孵化始期用药防治，可选用 25%灭幼脲 3 号 2 000～2 500 倍液、1.8%阿维菌素乳油 3 000 倍液、5%高效氯氰菊酯乳油 1 000 倍液喷雾。

(六) 栗绛蚧

栗绛蚧（*Kermes waella* Kuwar）属同翅目，红蚧科，是为

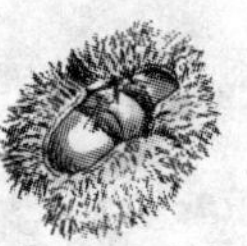

害板栗的主要害虫之一。在板栗产区广泛分布。

1. 为害特征　主要寄生于1年生枝上吸汁为害，影响萌芽和发叶，甚至造成枝干、整株枯死。

2. 发生规律　1年发生1代，以2龄若虫在树枝的芽痕裂缝等处越冬。翌年3月上旬开始取食为害，3月中旬以后，部分若虫蜕皮变为雌成虫，继续取食为害，是栗绛蚧主要的为害期。5月中旬至6月上旬初孵若虫陆续从母蚧体内爬出并扩散，母蚧腹面留下大量的白色碎屑状卵壳。

3. 形态特征　成虫雌雄异型，雌虫介壳球形，暗褐色有光泽，上有黑褐色不规则斑纹。直径5.0～6.8毫米，初期为嫩绿色至黄绿色，体壁软而脆，腹部末端有1个小水珠，称为“吊珠”。雄成虫有1对翅，体长约1.49毫米，翅展约3.09毫米，棕褐色。单眼3对，在头顶排成倒“八”字形。卵长椭圆形，长约0.2毫米，初期乳白色或无色透明，孵化前变为紫红色。初孵若虫长椭圆形，体长0.3毫米，淡黄色，触角丝状，1龄若虫体呈黄棕色，2龄若虫体呈椭圆形，肉红色，体背常黏附有1龄若虫的虫蜕。仅雄虫有蛹，离蛹，长椭圆形，黄褐色。茧扁椭圆形，长约1.65毫米，白色丝质。

4. 防治措施

（1）3月上、中旬喷3～5波美度石硫合剂或重剪有虫枝条，减少越冬虫源数量。

（2）加强肥水管理，增强树势，促进栗树健康生长。

（3）若虫孵化始期，用0.3波美度石硫合剂涂干或2.5%溴氰菊酯乳油2 000倍液、25%灭幼脲3号2 500倍液喷雾。

（4）在若虫孵化始盛期，人工用铁丝、硬毛刷刮除枝干上的蚧壳虫。

（七）栎掌舟蛾

栎掌舟蛾［*Phalera assimilis*（Bremer et Grey）］又叫栗舟蛾、肖黄掌舟蛾，属鳞翅目，舟蛾科。分布于我国东北地区以及河北、陕西、山东、河南、安徽、江苏、浙江、湖北、江西、四川等省。寄主有栗、栎、榆、白杨等树种。

1. 为害症状　栎掌舟蛾以幼虫为害栗树叶片，把叶片食成缺刻，严重时将叶片吃光，残留叶柄。影响栗树正常生长。

2. 形态特征　成虫雄蛾翅展44～45毫米，雌蛾翅展48～60毫米。头顶淡黄色，触角丝状。胸背前半部黄褐色，后半部灰白色，有两条暗红褐色横线。前翅灰褐色，银白色光泽不显著，前缘顶角处有一略呈肾形的淡黄色大斑，斑内缘有明显棕色边，基线、内线和外线黑色锯齿状，外线沿顶角黄斑内缘伸向后缘。后翅淡褐色，近外缘有不明显浅色横带。卵半球形，淡黄色，数百粒单层排列呈块状。老熟幼虫体长约55毫米，头黑色，身体暗红色，老熟时黑色。体被较密的灰白至黄褐色长毛。体上有8条橙红色纵线，各体节又有一条橙红色横带。胸足3对，腹足俱全。有的个体头部漆黑色，前胸盾与臀板黑色，体略呈淡黑色，纵线橙褐色。蛹长22～25毫米，纺锤形，黑褐色发亮。

3. 发生规律　1年1代，以蛹在树下土中越冬。翌年6月成虫羽化，以7月中、下旬发生量较大。成虫羽化后白天潜伏在树冠内的叶片上，夜间活动，趋光性较强。成虫羽化后不久即可交尾产卵，卵多成块产于叶背，常数百粒单层排列在一起。幼虫孵化后群聚在叶上取食，常成串地头朝一个方向排列在枝叶上。中龄以后的幼虫食量大增，分散为害。幼虫受惊动时则吐丝下垂。8月下旬到9月上旬幼虫老熟下树入土化蛹，以树下6～10厘米深土层中居多。该虫天敌很多，有灰喜鹊、茧蜂、姬蜂、舟蛾赤眼蜂等。

4. 防治措施

（1）人工防治　在幼虫发生期，利用幼虫的群集性，在幼龄幼虫尚未分散前将有虫叶片剪下。幼虫分散后可振动树干，击落幼虫，集中杀死。

（2）天敌防治　卵期释放赤眼蜂实行天敌控制，每亩3万～

5万头。或在药剂防治的同时充分利用生物农药，减少化学药剂的使用，保护利用天敌的自然控制能力。

(3) 地面喷药　幼虫落地入土期，地面喷洒白僵菌粉剂或50%辛硫磷乳剂1 000倍液。喷药后耙一下，效果较好。

(4) 药剂防治　在幼虫为害期，树上喷25%灭幼脲3号胶悬剂1 500倍液、或青虫菌6号悬浮剂或Bt乳剂1 000倍液、或5%高效氯氰菊酯乳油1 000倍液进行防治，对幼虫均有较好的防治效果。

(八) 栗大蚜

栗大蚜（*Pterochlorus tropicalis* Goot）又名板栗大蚜、栗枝黑大蚜，属同翅目，大蚜科。在我国板栗产区均有分布，寄主主要有板栗、橡树、栎树等。是为害板栗的重要害虫之一（图7-5）。

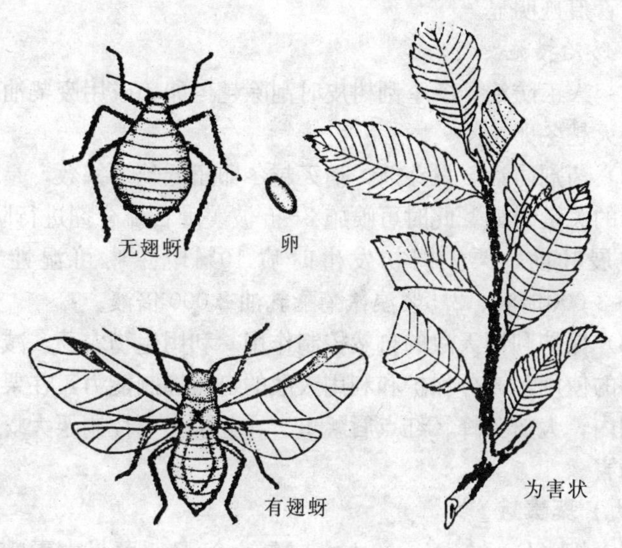

图7-5　栗大蚜

1. 为害特征　以成蚜、若蚜群聚在新梢刺吸汁液为害，严重影响新梢的生长和果实发育，导致树势衰弱。

2. 发生规律　1年发生多代，以卵在枝干芽腋及裂缝中越冬。第二年4月上旬以后，越冬卵开始孵化为无翅雌蚜，群集为害枝梢，5月中、下旬发生大量有翅蚜，迁飞到距离较近的嫩梢、栗苞间吸食为害，生长季节均行无性繁殖，至10月中旬后大量产生性蚜，交尾后产卵越冬。

3. 形态特征　无翅雌蚜，体黑色，长5毫米左右，胸较狭小而扁平，腹部特大呈圆球形。腹管短小。尾片短小呈半圆形，上生有短毛。有翅蚜，体黑色，体长4毫米左右，翅展13毫米，体较瘦小。翅分两种类型：一种为翅透明，翅脉黑色。另一种为翅黑色，有2个透明斑。卵长椭圆形，初产为红褐色，后变为黑色，有光泽，单层密集产在枝干背阴面，或粗枝基部。若蚜体形同无翅雌蚜，但体色较浅，体形较小。多为黄褐色，后变为黑色，腹管痕迹明显。

4. 防治措施

（1）人工防治　冬季刮树皮时刮除越冬卵，或用废柴油涂抹枝干消灭越冬卵。

（2）药剂防治　发芽前，消灭越冬卵压低越冬基数，是防治栗大蚜的关键时期。此时可喷施3～5波美度石硫合剂进行防治；在栗树展叶前，栗大蚜初发生时喷10%吡虫啉可湿性粉剂2 000～3 000倍液、2.5%溴氰菊酯乳油2 000倍液。

（3）保护利用天敌的自然控制作用　利用生物农药，减少化学农药的使用，充分保护和利用天敌的自然控制能力，在栗大蚜发生期内，大蚜茧蜂、红点唇瓢虫、异色瓢虫可控制栗大蚜的发生和为害。

（九）栗毒蛾

栗毒蛾（*Lymantria mathura* Moore）又叫苹果大毒蛾，属鳞翅目，毒蛾科。在我国各省、自治区均有分布。寄主有栗、栎、李、杏、苹果、梨、榉等树木，幼虫食性杂，能为害多种阔叶树种。

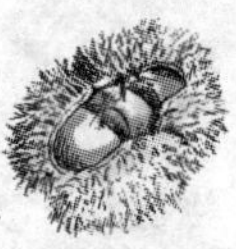

1. 为害症状 栗毒蛾以幼虫为害芽、嫩叶和叶片。将叶片食成缺刻，重者吃光，严重影响板栗产量和质量，甚至造成绝产。

2. 形态特征 成虫雌雄异型。雌成虫体长 30～35 毫米，翅展 85～95 毫米。头、胸白色，下唇须粉红色，触角丝状，黑褐色。胸背中央有一黑点，两侧各有一粉红色点。腹部前半部粉红色，后半部白色。前翅白色，前缘和外缘粉红色；缘毛粉红色。后翅浅粉红色，横脉纹灰褐色。雄虫体长 20～24 毫米，翅展45～52 毫米。头黑褐色。触角羽状，触角干浅褐色，栉齿褐色。下唇须浅橙黄色，外侧褐色。胸部橙黄色带黑褐色斑。腹部暗橙黄色，两侧微带红色，肛毛簇黄白色。前翅灰白色，斑纹黑褐色，翅脉白色，基线黑褐。卵球形，初产时乳白色，后渐变为褐色或灰褐色，其上覆白色绒毛。幼虫体长 50～60 毫米，黑褐色带黄白色斑。头黄褐色带黑褐色圆点。头侧各有一束黑色长毛，尾部有两束黑色长毛和一对黑短毛束。背线在前胸部为白色，在其余各节为黑色。各节体两侧分别着生一排肉瘤，上生黑褐色或黄褐色毛丛。胸、腹足赤褐色，外侧有黑色斑。蛹长 28 毫米左右，灰褐色。头部有一对黑色短毛束，前胸背部有一对黑色短毛束，腹背第一节有一对白色短毛丛。茧较薄，上有幼虫体毛。

3. 发生规律 栗毒蛾在东北、华北 1 年 1 代，以卵块在树皮缝、伤疤、树干阴面等处越冬。翌年春季 5 月中旬越冬卵开始孵化。幼虫孵出后群集于卵壳上及其附近取食卵壳，在卵块上停留 4 天后，便爬到叶片上分散取食为害。幼虫共 6 个龄期，受惊时吐丝下垂，随龄期增大，取食量也在不断增加，最后将叶肉吃光只剩下主脉。7 月中、下旬幼虫老熟后在杂草或枝叶间结茧化蛹。蛹期 12 天。7 月下旬至 8 月上旬成虫羽化。雌虫白天不活动，雄虫白天在树阴下飞舞。成虫有趋光性。雌成虫产卵于树干阴面，不规则块产，平均每卵块有卵 366 粒，最多雌虫可产卵 800 余粒。卵块外被雌蛾腹端的灰白色体毛。

4. 防治措施

（1）人工防治　春季越冬卵孵化前，刮除枝干上的卵块，集中烧毁。

（2）灯光诱杀　利用成虫趋光性，设置黑光灯诱杀成虫。

（3）喷药防治　在幼虫盛发期往树上喷洒25%灭幼脲3号胶悬剂1 000～1 500倍液、青虫菌S号悬浮剂1 000倍液、10%氯氰菊酯乳油1 500～2 000倍液，1.8%阿维菌素4 000倍液或1.2%苦烟乳油3 000倍液对幼虫均有较好的防治效果。

（十）栗透翅蛾

栗透翅蛾（*Aegeria molybdoceps* Hampson）又叫板栗透翅蛾、赤腰透翅蛾，俗称串皮虫。属鳞翅目，透翅蛾科。分布于我国河北、山东、山西、河南、江西、浙江等省栗产区。寄主主要是板栗，也可为害锥栗和茅栗。是板栗的一种主要害虫（图7-6）。

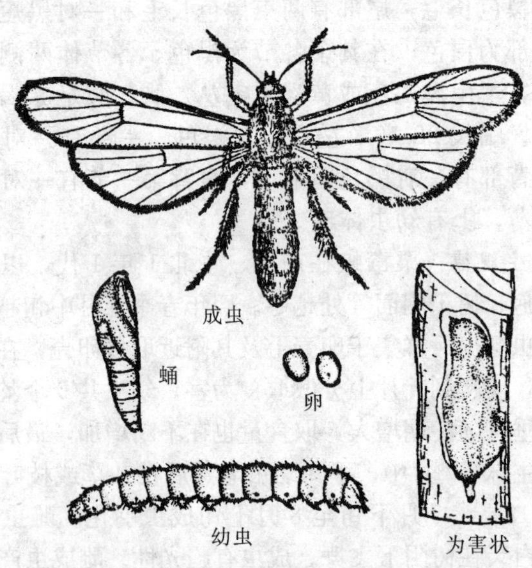

图7-6　栗透翅蛾

1. 为害症状　以幼虫为害板栗主干或主枝韧皮部，串食，

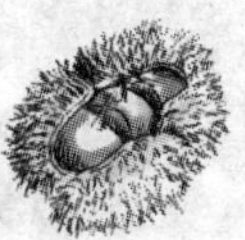

并向树皮深处蛀入为害。严重时，蛀道可环绕主干或主枝一圈，致主枝或植株死亡。栗透翅蛾的为害具有老树比幼树受害重，树干下部比上部受害重的特征。

2. 形态特征　成虫体长 12～21 毫米，翅展 37～42 毫米，形似胡蜂。触角端部细，基部橘黄色，端部赤褐色，顶端有一毛束。头部、下唇须、中胸背面均为橘黄色。腹部第 1、4、5 节背面均有橘黄色横带，第二、三腹节为赤褐色。翅透明，翅脉和缘毛均为茶褐色。足侧面黄褐色，中、后足胫节具黑褐色长毛。雄虫体型略小，腹部第四、五节颜色稍暗，末端具红褐色丛毛。卵呈扁卵圆形，一端平齐，长约 0.9 毫米，淡红褐色。初孵幼虫体长约 1.1 毫米，老熟幼虫体长 40～42 毫米，乳白色。头部褐色，前胸背板淡褐色，有一褐色倒“八”字形纹。臀板褐色，末端稍向前弯曲。蛹体长 14～18 毫米，黄褐色。体两端略向下弯。腹部背面第 4～7 节各有 2 排小刺，第 8～10 节各有一排小刺。茧纺锤形，丝质，较厚。

3. 发生规律　栗透翅蛾一般 1 年 1 代，少数地区 2 年完成 1 代。多数以 2 龄幼虫在被害处皮层下越冬。翌春当气温达 3℃以上时，越冬幼虫开始出蛰。幼虫出蛰后 2～5 天即开始取食，5～7 月份为幼虫为害盛期。幼虫老熟后，向树干外皮咬一个直径 5～6 毫米的圆形羽化孔，然后在羽化孔下部吐丝连缀木屑和粪便结茧化蛹。幼虫为害部位不同，化蛹早晚也有差异，阳面比阴面早半月左右，在树干中、下部为害的幼虫比上部的幼虫早15～20 天。幼虫化蛹期在 7 月中、下旬，蛹期 20～25 天。成虫于 8 月中旬开始羽化，羽化时，蛹体露出羽化孔 1/3～1/2。成虫白天活动，低温和高湿情况下活动能力显著下降。成虫产卵于树干的粗皮缝、伤口和虫孔附近等粗糙处，产卵盛期在 8 月下旬。卵散产，主干下部着卵量明显多于上部。每头雌成虫可产卵 300～400 粒，卵期 10 天左右。从 8 月下旬开始就有幼虫孵化，一直延续到 10 月中旬。初孵幼虫爬行很快，能迅速找到合适部位蛀

入树皮。幼虫为害30天左右，以2龄幼虫在蛀道一侧或一端做一越冬虫室越冬。

4. 防治措施

(1) 农业防治　加强栗树栽培管理，增强树势，及时清理树下杂草，避免在树体上造成伤口，减少成虫产卵，能有效地降低害虫的为害基数。

(2) 人工防治　①在幼虫孵化期，用刀将地面1米范围内主干上的粗翘皮刮除干净，集中烧掉，能有效消灭其中的幼虫和卵。刮皮后最好再喷1次杀虫剂，如50%敌敌畏800倍液。②发现树干上有幼虫为害时，及时用刀刮除幼虫。③成虫产卵以前，在树干上涂白涂剂，阻止成虫产卵。发现产卵刻槽用锤子砸，消灭其中的卵。

(3) 药剂防治　在成虫产卵和幼虫孵化期往树干上喷药，可杀死卵和初孵幼虫。常用药剂有50%敌敌畏1 000倍液、高效氯氰菊酯1 000～1 500倍液等。

(十一) 栗叶瘿螨

栗叶瘿螨（*Eriophyes castania* Lu.）又叫栗瘿壁虱，属蜱螨目，瘿螨科。主要为害板栗，分布于我国河北、河南南部等栗产区（图7-7）。

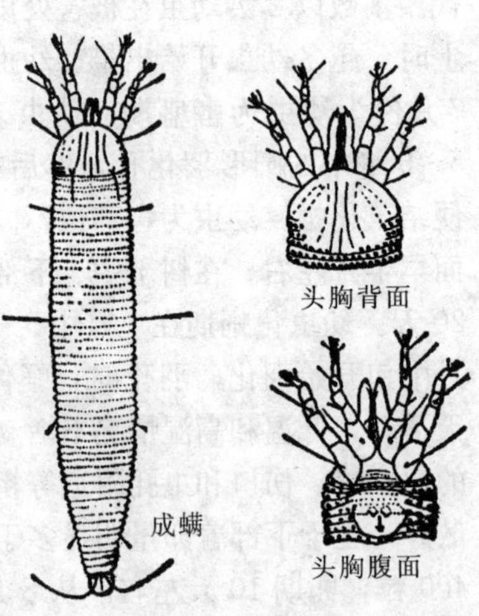

图7-7　栗叶瘿螨

1. 为害特征　叶片被害后，在叶正面出现袋状虫瘿。虫瘿长0.4～1.2厘米，横径0.1～0.2厘米，瘿体稍弯曲，愈近叶面愈细，基部收缩，似瓶颈，表面光滑，前期草绿色。瘿内壁褐色或土褐色，其上着生灰白色海绵状物，后期

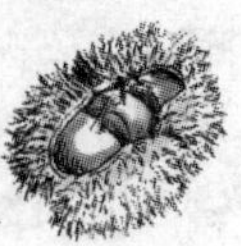

由黄绿色变为褐色，干枯不脱落。被害叶片上一般有几十个虫瘿，多则上百个不等。同一叶片上，愈靠近叶柄部，虫瘿分布愈密，每个虫瘿在叶片背面有一瓶口状孔口，孔周围生许多黄褐色刺状毛，后期虫瘿干枯变黑褐色，叶片也提前干枯。

2. 形态特征　成螨体长160～180微米、宽30微米，生长季节瘿内雌成螨浅黄色或灰白色，长蠕形，半透明。卵椭圆形，透明。初孵化幼螨无色透明，后渐变为乳白色。若螨灰白色，半透明。

3. 生活规律　1年发生多代，在瘿内繁殖。栗叶瘿螨以雌成螨在栗树1～2年生枝条的芽鳞上越冬，春季栗树展叶期开始为害。瘿体初期很小，6～7月瘿体最大，最长可达1.5厘米。从栗树展叶至9月，不断有新虫瘿长出，螨在瘿内的海绵组织内生活，一个瘿内有螨上百头，多者近千头。虫瘿后期干枯，秋末大多数成螨从叶背孔口爬出瘿外，在枝条上寻找越冬场所。

4. 防治措施

(1) 人工防治　栗叶瘿螨活动扩散性较差，且有虫枝条、叶片容易识别，因此在发生期可人工摘除、剪除有虫瘿的叶片、枝条，集中烧毁。

(2) 化学防治　在栗芽萌动或展叶期，喷洒1.8%阿维菌素乳油6 000倍液、20%四螨嗪悬浮剂3 000倍液、50%硫悬浮剂200～300倍液、15%哒螨灵乳油2 000倍液、5%噻螨酮乳油1 500倍液，均可收到较好的防治效果。

(十二) 栗瘿蜂

栗瘿蜂 (*Dryocosmus kuriphilus* Yasumatsu) 又叫栗瘤蜂，属膜翅目，瘿蜂科。主要为害板栗，也为害茅栗和锥栗。我国各板栗产区均有分布。发生普遍，是影响板栗生产的主要害虫之一(图7-8)。

1. 为害症状　以幼虫为害芽和叶片，被害芽春季形成瘤状虫瘿，使板栗不能正常抽生新枝，在枝条、叶片、叶柄上均能膨

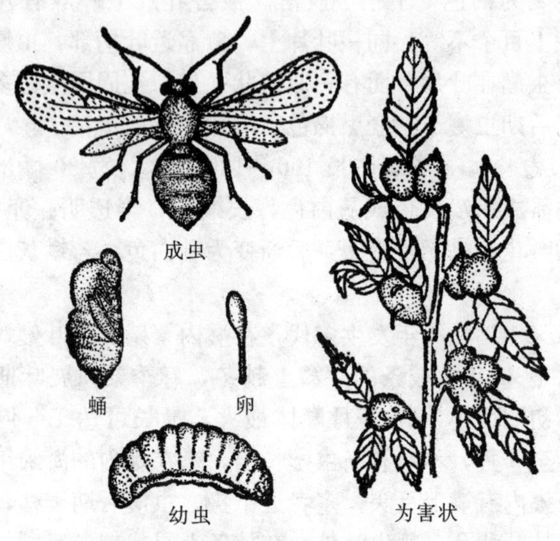

图 7-8　栗瘿蜂

大成球形或不规则形的虫瘿，在虫瘿上有时长出畸形小叶。栗树受害重时，很少长出新梢，树势衰弱，大量枝条枯死，影响了栗树的正常生长和发育，严重的栗树不能结实，造成板栗减产或绝收。

2. 形态特征　成虫体长 2.5～3 毫米、翅展 4.5～5.0 毫米，黑褐色，有金属光泽。头短而宽，有点刻。触角丝状，柄节和梗节黄褐色，鞭节褐色。胸部膨大，背面光滑，前胸背板有 4 条纵线。两对翅白色透明，翅面有细毛。前翅翅脉褐色。足黄褐色，后足腿节发达。卵椭圆形，乳白色、长 0.15～0.2 毫米、宽 0.1～0.12 毫米，末端有一个长约 0.6 毫米丝状细柄。幼虫体长 2.5～3.0 毫米，乳白色，纺锤形，略向腹面弯曲，粗壮无足，胴部光滑、无皱纹。老熟幼虫黄白色，体肥胖，略弯曲，头部稍尖，口器淡褐色，末端较圆钝。裸蛹，体长 2～3 毫米，初期为乳白色，渐变为黄褐色。复眼红色，羽化前变为黑色。翅芽乳白

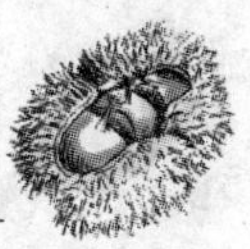

色，触角、足黄褐色。

3. 发生规律　栗瘿蜂 1 年 1 代，以初孵幼虫在被害芽内越冬。翌年栗芽萌动时开始取食为害，被害芽不能长出枝条而逐渐膨大形成坚硬的木质化虫瘿。幼虫在虫瘿内做虫室，继续取食为害，老熟后即在虫室内化蛹。5 月中旬为化蛹盛期，6 月初至 7 月中旬开始羽化成虫，成虫羽化后继续居于栗瘿内，6 月中旬至 7 月下旬由栗瘿脱出，并产卵于芽内为害栗树。被害枝干春季抽短枝时，在枝条、叶柄和叶脉上膨大成瘤，影响生长和结果，严重者枝条枯死。成虫产卵的特性是，喜在枝条顶端的饱满芽上产卵，一般从顶芽开始，向下可连续产卵 5～6 个芽。幼虫孵化后即在芽内为害，于 9 月中旬开始进入越冬状态。

成虫在栗芽内产卵的部位不同，形成的虫瘿也不同。有报道称：栗瘿蜂在栗芽上半部产卵的占 90%。从解剖栗芽内的卵粒分布看，卵产在栗芽生长点顶端的占 80%左右，翌年不能发枝，而长出较大虫瘤；卵产在芽生长点旁边的，能抽出带虫瘤的细弱枝；卵产在叶原始体上的，翌年在叶脉上形成虫瘤；卵产在栗芽基部侧面的，不能形成虫瘤；卵产在栗芽其他部位绒毛上的，幼虫自然死亡。

4. 防治措施

(1) 农业防治　加强栽培管理，增强树势，提高树体自身抗病虫害的能力。栗瘿蜂喜在弱树上发生为害，实践证明加强修剪培育壮梢可减少寄生为害。

(2) 人工防治　剪除虫枝：剪除虫瘿枝及其周围的无用枝，尤其是树冠中部的无用枝，只保留结果母枝和必要的发育枝，使树冠通风透光，减少栗瘿蜂的发生和为害基数。剪除虫瘿：在新虫瘿形成期，及时剪除虫瘿，消灭其中的幼虫。剪虫瘿的时间越早越好。一般 5 月底以前彻底剪除当年新生虫瘿，有效减少越冬幼虫的数量。

(3) 生物防治　充分保护和利用栗瘿蜂天敌（中华绿色长尾

小蜂、跳小蜂）的自然控制能力是防治栗瘿蜂的最好措施。在害虫发生期喷施高效、低毒的生物药剂，减少或不使用化学药剂防治。

（4）用黑光灯诱杀成虫　在栗瘿蜂成虫发生期，在板栗园内设黑光灯诱杀成虫，可有效控制栗瘿蜂为害。

（5）药剂防治　在栗瘿蜂成虫发生期，可喷施1.8%阿维菌素乳油4 000倍液，或高效氯氰菊酯1 000倍液＋吡虫啉1 000～1 500倍液等防治效果较好。

（十三）草履硕蚧

草履硕蚧［*Drosicha corpulenta*（Kuwana）］又名草鞋介壳虫，属同翅目，硕蚧科。为害梨、苹果、板栗、核桃、枣、柿子、桃、柑橘、无花果、荔枝等果树及杨树、法桐、泡桐、柳树、槐树等多种林木。

1. 为害特征　早春若虫上树，群集在树皮裂缝、枝条和嫩芽上刺吸汁液，受害叶片发黄、芽枯萎，小枝干枯。

2. 形态特征　成虫典型的雌、雄异型昆虫。雌成虫体长8～10毫米，无翅，椭圆形，背面隆起，腹部有横皱褶和纵沟，形似草鞋状，黄褐至红褐色，疏被白蜡粉和许多微毛；雄成虫体长约6毫米，翅展10毫米，头胸黑色，腹部深紫红色，前翅紫黑至黑色，前缘略红；后翅特化为平衡棒。卵长圆形，黄白色至赤黄色，卵囊白色棉絮状，长15毫米左右。若虫灰褐色，外形与雌虫相似，但较小。雄蛹为褐色圆桶形，外背白色棉状物。

3. 发生规律　1年发生1代，以卵和初孵若虫在树干基部土壤中越冬。一般2月上、中旬开始孵化为若虫，上树为害，雄虫老熟后即下树，潜伏在土块、裂缝中化蛹。雌虫在树上继续为害到5～6月，待雄虫羽化后飞到树上交配，交配完成后雄虫死亡，雌虫下树钻入土中或裂缝以及烂草中产卵，而后逐渐干缩死亡。若虫喜欢在隐蔽处群集为害，尤其喜欢在嫩枝、芽等处吸食汁液。一般3日龄前不太活跃，3日后行动比较活泼。在树冠下裂

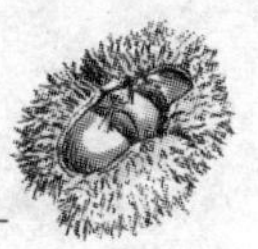

缝或土块、烂草中完成化蛹、产卵等。

4. 防治措施

(1) 阻隔法防治 ①塑料膜（黏虫胶）阻隔：在害虫上树之前（2月初），用刀将树干基部的老翘皮刮除干净，不要伤及内层皮，用光滑塑料薄膜（黏虫胶）围绕树干基部一圈，宽度30～50厘米，两头用胶带或细铁丝或细绳扎紧，不得有缝隙。或在树干基部涂含有长效农药的废机油代替黏虫胶降低防治成本。注意每天将阻隔带下的若虫扫除干净，集中烧毁。②绑塑料裙阻隔：在害虫上树之前，在树干基部反向绑塑料布裙，塑料裙下面可以涂废机油或粘虫胶，阻止害虫上树为害。

(2) 诱集法 雌虫下树前（5月中旬），在受害树木根部周围，挖宽50厘米、深20～30厘米的环形沟，沟内装满树叶、杂草，或直接在树干基部周围铺满杂草、落叶，引诱雌虫在里面产卵，然后集中烧毁。

(3) 物理防治 秋、冬季板栗落叶后，及时清扫树下杂草、落叶，集中烧毁，消灭其内的虫卵。或在树盘翻土冻垡，挖出虫卵碾碎、冻死。

(4) 化学防治 在每年的3月下旬至4月中旬，喷施25%灭幼脲3号2 000倍液＋害立平1 000倍液、1.8%阿维菌素6 000倍液＋害立平1 000倍液。

(十四) 褐边绿刺蛾

褐边绿刺蛾（*Parasa consocia* Walker）又名绿刺蛾、青刺蛾、褐缘绿刺蛾，属鳞翅目，刺蛾科，能为害多种果树和花卉、林木。在我国分布广泛。

1. 为害特征 幼虫取食叶片。低龄幼虫取食叶肉，仅留表皮，老龄时将叶片吃成孔洞或缺刻，有时仅留叶柄，严重影响树势。

2. 发生规律 褐边绿刺蛾在北方1年发生1代。以前蛹在枝干上或土内的茧内越冬，于5月中、下旬开始化蛹，6月上、

中旬至7月中旬为成虫期，成虫昼伏夜出，有趋光性，卵多产于叶背中部主脉附近，常数十粒呈块作鱼鳞状排列，幼虫于6月下旬至9月发生，8月为害最重。低龄幼虫有群集为害性，8月下旬至9月上旬陆续老熟，多入土或在树枝干上结茧越冬。

3. 形态特征　成虫体长15～16毫米，翅展36～40毫米；触角棕色，头胸部绿色，胸背中央有1条棕色纵线。腹部灰黄色，前翅绿色，基部有暗褐色大斑，外缘为灰黄色宽带，带上散有暗褐色小点和细横线，带内缘内侧有暗褐色波状细线，后翅灰黄色。卵扁椭圆形，黄白色，长约1.5毫米。老熟幼虫体长约25毫米，头小体短粗，初黄色，后稍大为黄绿至绿色，背线黄绿至浅蓝色，背侧瘤绿色，腹末有4个毛瘤丛生蓝黑色刺毛，呈球状。蛹体长约13毫米，椭圆形，淡黄褐色。茧长约16毫米，似羊粪状，椭圆形坚硬，颜色多同寄主树皮色，一般为灰褐色至暗褐色。

4. 防治措施

(1) 人工防治　幼虫集中为害期组织人工捕杀；秋、冬季摘虫茧，放入纱网内，网孔以刺蛾成虫不能逃出为准，保护和引放寄生蜂。幼虫群集为害时，摘除虫叶，消灭幼虫。

(2) 黑光灯诱杀　在褐边绿刺蛾成虫发生期，利用其趋光性大量诱杀成虫。

(3) 药剂防治　于幼虫发生期进行药剂防治，可选用的药剂有：25%灭幼脲3号2 000～2 500倍液、20%除虫脲4 000～6 000倍液、1.8%阿维菌素乳油4 000～5 000倍液等。

(十五) 栗黄枯叶蛾

栗黄枯叶蛾（*Trabala vishnou* Lefebure）又名青枯叶蛾，属鳞翅目，枯叶蛾科，在我国分布广泛，是一种杂食性害虫，为害树种有栓皮栎、槲栎、海棠、相思树、枫树、板栗、核桃、山楂、柑橘、茅栗、石榴、苹果、桉树、蓖麻等（图7-9）。

1. 为害特征　幼虫食叶成缺刻或空洞，严重的将叶片吃光，仅留叶柄。

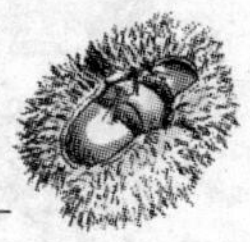

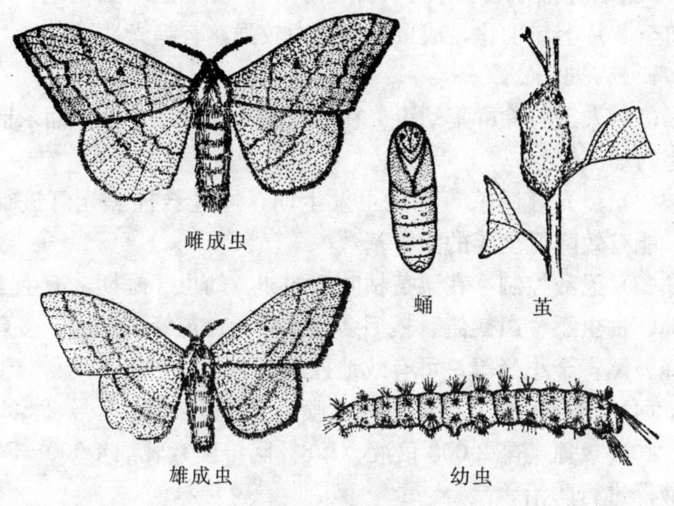

图 7-9　栗黄枯叶蛾

2. 形态特征　成虫雌雄异形。雄蛾翅展 41～53 毫米，雌蛾翅展 58～79 毫米，雌虫全体橙黄色或黄绿色。复眼黑褐色；触角短、双栉状，前翅近三角形，雌蛾前翅中室斑较大，由中室至内缘为一大型黄褐色斑纹；腹部末端密生黄褐色肛毛。雄虫绿色或黄绿色，雄蛾体长 22～27 毫米、翅展 45～62 毫米，触角双栉状，较发达，栉齿较雌虫长。卵长 0.3～0.35 毫米，椭圆形，灰白色，排列整齐，常数十粒排成两列，上被灰白色细毛、黄褐色片状毛及黑色鳞毛。幼虫体长 65～84 毫米，深黄色或灰白色，体背各节有两个黑色毛束，两侧各有 1 斜行黑纹，背面状如“八”字，其下方有黄色或灰白色长毛列。被蛹，雄蛹长 19～22 毫米，雌蛹长 27～30 毫米，赤褐色或黑褐色。茧马鞍形，黄色或灰黄色，表面有稀疏短毛。

3. 发生规律　在我国的山西、陕西、河南等地每年发生 1 代，以卵越冬，初孵幼虫群集为害，取食叶肉，受惊扰吐丝下垂，2 龄后分散取食，7 月开始老熟，于枝干上结茧化蛹，7 月下旬至 8 月上旬羽化，成虫飞翔能力较强，有趋光性。

4. 防治措施

（1）人工剪除群集幼虫　在幼虫集中为害期，人工捕杀群集为害的幼虫。

（2）黑光灯诱杀　在成虫发生期，通过悬挂黑光灯进行诱杀，能有效降低全年的为害基数。

（3）天敌控制　在栗黄枯叶蛾的卵、幼虫、蛹期，有毛虫追寄蝇、食虫蟋、白鹤鸽、核型多角体病毒、茧蜂、蠋敌、多刺孔寄蝇、黑青金小蜂等，可有效地控制该害虫发生量。

（4）药剂防治　在幼虫期，喷施 25%灭幼脲 3 号 2 500 倍液、10%氯氰菊酯 2 000 倍液、1.8%阿维菌素乳油 4 000～5 000 倍液等进行防治。

（十六）硕蝽

硕蝽（*Eurostus validus* Dallas）属半翅目，蝽科，分布于我国吉林、辽宁、河南、山东、广西、四川、贵州等地，为害板栗嫩梢，刺吸汁液，对板栗苗期的影响较大。

1. 为害特征　是为害板栗树的重要害虫。寄主为板栗、白栎、苦槠、麻栎、梨树、梧桐、油桐、乌桕等等。若虫和成虫刺吸新萌发的嫩芽，造成顶梢枯死，严重影响栗树的生长、开花、结果。

2. 形态特征　成虫体长 25～34 毫米，体宽 11.5～17 毫米。椭圆形，大型。酱褐色，具金属光泽。头小，三角形，头和前胸背板前半、小盾片两侧及侧接缘大部均为近绿色，小盾片上有较强的皱纹。侧接缘各节最基部淡褐色。腹下近绿色或紫铜色。触角基部 3 节黑。末节枯黄色，足深栗色。第 1 腹节背面近前缘处有对发音器，梨形。

3. 发生规律　各地年均发生 1 代，共 5 龄。4 龄若虫在寄主附近的杂草、灌木丛、近地面的绿叶背面蛰伏越冬。越冬若虫于5月中旬至6月底变为成虫。成虫产卵期在6～7月底，卵多产在叶片背面，多呈块状排列，每块卵多为14粒，排成3行。6月中旬至8月上旬为若虫发生期，4、5龄时破坏性较大，嫩梢被害后3～5天即显凋萎。成虫遇惊扰能放出刺激性很强的臭气。

4. 防治措施

（1）人工防治　及时清理树下杂草、落叶，消灭其内的若虫、成虫和卵。

（2）药剂防治　在若虫发生期，喷施20%速灭杀丁乳油1 500倍液或1.8%阿维菌素4 000倍液进行防治。

（十七）扁刺蛾

扁刺蛾（*Cnidocampa flavescens* Walker）又名扁棘刺蛾，属鳞翅目，刺蛾科，幼虫俗称洋辣子。分布普遍，全国各栗产区均有分布。其食性杂，主要为害梨、板栗、苹果、杏、海棠、桃、枣、柿、樱桃等果树和梧桐、杨树、泡桐、刺槐、桑等多种林木。

1. 为害特征　以幼虫为害，把叶片咬成缺刻或孔洞，严重时吃成光杆，影响栗树的生长和发育。

2. 发生规律　扁刺蛾在河北省1年发生1代，以老熟幼虫在树下土内作茧越冬，次年5月中旬化蛹，6月上旬开始羽化为成虫，发生期不整齐，6月中旬至8月中旬均可见初孵幼虫，8月份为害最重，8月下旬陆续老熟入土结茧越冬。

3. 形态特征　雌成虫体长13～18毫米，翅展28～35毫米；雄成虫体长10～15毫米，翅展约30毫米。体暗灰褐色，腹面及足色较深，前翅灰褐稍带紫色。自前缘至后缘有1条向内倾斜的褐色条纹，斜纹内侧略上方有一褐色斑点，雄蛾较明显，后翅暗灰褐色。卵长椭圆形，扁平光滑，长约1毫米，初为淡黄色，后变为灰褐色。初孵幼虫色淡，体小，老熟幼虫体长21～26毫米，扁椭圆形，背部稍隆起，形似龟背状，绿色或黄绿色，背线白色，边缘蓝色，体边缘每侧有10个瘤状突起，上生刺毛，第4

节背面两侧各有 1 个红点。蛹体长 10～15 毫米，前端较肥大，近椭圆形，初乳白，近孵化时为黄褐色。茧椭圆形，长 12～16 毫米，暗褐色。

4. 防治措施

(1) 人工防治　利用幼虫下树入土作茧越冬的习性，在下树前疏松干周土壤，诱集幼虫结茧，秋冬季挖、摘虫茧，放入纱网内，网孔以刺蛾成虫不能逃出为准，保护和引放寄生蜂。幼虫群集为害时，及时摘除虫叶，消灭幼虫。

(2) 黑光灯诱杀　在扁刺蛾成虫发生期，利用其较强的趋光性设置黑光灯诱杀成虫。

(3) 药剂防治　在幼虫发生期进行药剂防治，可选用的药剂有：25%灭幼脲 3 号 2 000～2 500 倍液、20%除虫脲4 000～6 000倍液、1.8%阿维菌素 4 000～5 000 倍液等。

(十八) 小青花金龟

小青花金龟（*Oxycetonia jucunda* Faldermann）又名小青花潜，属鞘翅目，花金龟科。在我国南北各地均有分布，是一种食性很杂的金龟甲，可为害苹果、板栗、梨、杏、桃、山楂、梅、杨、柳、榆等。

1. 为害特征　成虫主要取食花蕾和花，数量多时，常群集在花序上，将雄蕊及雌蕊吃光，造成只开花不结果，影响果树产量和质量。也可食害果实，为害叶片，影响树木的生长势。

2. 形态特征　成虫体长 12 毫米左右，暗绿色，椭圆形稍扁，头部黑色，复眼和触角黑色。体表密被淡黄色毛和点刻，无光泽。翅鞘上具有黄白色斑纹。老熟幼虫头部较小，棕褐色或暗褐色，胴部乳白色，各体节多皱褶，密生绒毛。裸蛹，初产黄白色，后尾端变为橙黄色。

3. 发生规律　1 年发生 1 代，北方以幼虫，南方以幼虫、蛹和成虫在土中越冬。4～5 月成虫出现，雨后出土多，集中食害花，成虫白天活动，具假死性。晴天多在上午 10 时至下午为害。

卵多散产在杂草、落叶、腐殖质土中，6～7 月出现幼虫。孵化后幼虫为害根部。

4. 防治措施

（1）人工捕杀　在小青花金龟发生始盛期，利用其假死性，人工震落捕杀大量成虫。

（2）黑光灯诱杀　利用成虫的趋光性，在成虫发生期，通过悬挂黑光灯进行集中诱杀。

（3）糖醋液诱杀　利用成虫的趋化性，设置糖醋液诱捕器进行诱杀。取红糖 5 份，食醋 20 份，水 80 份配成糖醋液，装入空罐头瓶内，每 25～30 米挂一个糖醋罐。

（4）杨柳树枝诱杀　利用金龟子成虫喜食杨、柳树芽的习性，在板栗园间隔一定的距离放置喷有 1 500 倍溴氰菊酯的杨柳枝把，诱集消灭。注意牛、羊不要啃食杨柳枝把。

（5）施用腐熟的有机肥　施用高温堆沤或高温灭菌的有机肥，可有效的降低金龟子幼虫的虫口密度。

（6）药剂防治　小青花金龟子成虫发生期，可在地面喷洒药剂进行防治：喷洒 50％辛硫磷乳油或氯氰菊酯1 000～1 500 倍液。

（十九）黑星天牛

黑星天牛［*Anoplophora leechi*（Gahan）］属鞘翅目，天牛科，主要分布在我国河北、河南、江苏、浙江、湖北、广西、江西等省，为害板栗、锥栗、栎等树种，是造成板栗树木死亡的重要蛀干害虫。

1. 为害特征　成虫啃食枝干、嫩皮、叶片，幼虫蛀食树干或枝条，由皮层逐渐深入到木质部，造成各种形状的隧道，其内充满虫粪或木屑。树木被害后树势衰弱，枝条枯死，严重时整树死亡。

2. 形态特征　成虫体长 33～43 毫米，漆黑色，有光泽。触角粗壮，雄虫触角长是体长的 1 倍，雌虫超过体长 1/3。中胸小

盾片舌形。鞘翅长，肩较宽。鞘翅中部之后逐渐收缩，前端圆形。卵长卵圆形，长8～9毫米，宽约2毫米，两端略细，中间稍弯。初产时为白色，孵化前变黄。初孵幼虫体长约10毫米，乳白色。头部褐色。老熟幼虫体长47～58毫米，黄白色。头褐色，前缘黑褐色。前胸背板棕褐色，后缘有“凸”字形斑纹，前端背部线明显，表面散生细纵纹。蛹体长30～46毫米，白色，纺锤形。触角基瘤十分突出。

3. 发生规律　黑星天牛2～3年1代，以3年1代为主，以幼虫在隧道内越冬。成虫发生期在6月中旬至8月上旬，盛期在7月上旬。成虫羽化后在蛹室内停留数天，向外咬羽化孔飞出，出孔时间大多在晚上和清晨。成虫飞行力弱，白天多在树干基部爬行或静伏在枝干上，常啃食嫩枝皮，造成枝条死亡。成虫交尾后即可产卵，产卵部位多在1米以下的主干上。产卵刻槽为“一”字形。卵期20天左右。幼虫孵化后10余天即蛀入树皮取食韧皮部，造成横向蛀道，在被害处下方有排粪孔，从孔中排出新鲜虫粪、木屑粘聚成团。春末夏初，幼虫全部蛀入木质部取食，食量很大，从排粪孔排出的木屑和虫粪堆积于地面。秋末，未成熟的幼虫即在隧道内越冬，翌年继续为害。幼虫老熟后多已钻入主干髓部，在此做蛹室化蛹，幼虫化蛹期在4月底至5月初。蛹期约1个月。

4. 防治措施

（1）捕杀成虫　成虫发生期，利用成虫不善飞行的习性，人工捕捉成虫，能收到很好的防治效果。

（2）砸卵　在成虫产卵期，经常检查树干上成虫的产卵痕，发现后可用小锤砸卵，或用小刀刮除或刺破卵粒。

（3）药剂防治　药剂防治的重点是消灭已蛀入木质部的幼虫。可采用虫孔堵药、堵泥、虫孔注药的方式进行防治，方法是先从排粪孔清除隧道中的木屑，然后注入10～50倍敌敌畏，熏杀其中的幼虫。

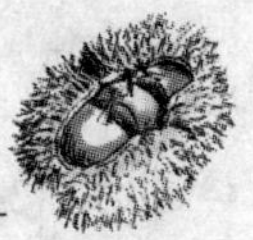

(4) 毒签防治　幼虫活动期，将排粪孔周围的虫粪清除干净，插入敌敌畏毒签，毒杀孔内天牛幼虫。

(二十) 栗蛀花麦蛾

栗蛀花麦蛾（*Stenolechia rectivalva* Kanazawa）属鳞翅目，麦蛾科。主要分布于我国河北省燕山地区的板栗产区。

1. 为害特征　栗蛀花麦蛾以幼虫蛀食栗树花序。幼虫在雄花序上于小蕾基部或萼片间蛀食，雄花和序轴被串蛀呈枯褐色。在混合花序上为害雌花时，幼虫蛀食柱头和子房，多在果皮下潜食，柱头和苞刺变褐色，蛀孔外有黑褐色粒状虫粪，受害花序从基地脱落，对产量造成较大影响。

2. 形态特征　成虫体长 2.5～3.5 毫米、翅展 9～11 毫米。雌成虫体长稍大于雄成虫。触角线状，黑白相间，约与身体等长；下唇须被褐色鳞片，向上超过头，末端尖细；中胸背部中央褐色，腹部背面有灰色鳞片；复眼上有银灰色毛，前缘有 3 个黑斑；翅褶基部有褐色长毛。幼虫，肉红色，长 4～5 毫米。上颚 4 齿，腹足 4 对，趾钩 6～8 个，呈横向排列；整个虫体头尾两端稍细。卵，圆形至椭圆形，直径约 0.3 毫米；初产时乳白色半透明，后逐渐变为红褐色，近孵化时肉红色。蛹，被蛹，褐色。长 3～3.5 毫米，横径 0.5～1 毫米。

3. 发生规律　栗蛀花麦蛾在河北省燕山栗产区 1 年发生 1 代。以蛹在栗树枝干裂皮缝。翘皮下结薄茧越冬，亦有少数在栗树附近的山楂、梨、核桃等树皮裂缝中越冬。在春季旬平均气温达 17℃时，越冬蛹开始羽化，盛期在 5 月下旬至 6 月上旬。成虫发生期 30～45 天，产卵盛期在 6 月上、中旬，幼虫为害盛期在 6 月中、下旬，即栗雌花盛花期。栗蛀花麦蛾幼虫期 14 天左右，老熟幼虫脱花后向枝干转移，历时 12 天左右，盛期在 6 月下旬。受害混合花序脱落期在 6 月底至 7 月初。7 月上旬老熟幼虫在树干或大主枝裂皮缝内化蛹越冬。成虫有昼伏、傍晚群栖、趋光性强、扩散力弱等习性。晚 8 时开始飞往树冠，多数在叶正面少数在叶

背面和花序上交尾，交尾历时 2 小时左右。雌虫产卵一般在午夜前，午夜后因气温下降多停息不动。前期卵多集中产在雄花序中段的小蕾缝隙间、基部、顶部及序轴上，少量产在叶背主、侧脉夹角处。后期卵散产在混合花序的雌花柱头、嫩苞刺间及雄花上。雌蛾产卵量 6～10 粒，平均 7.3 粒。卵期 9～12 天，平均 10.8 天。雌虫在雄花序上有群集为害习性和吐丝拉网的习性。

4. 防治措施

（1）刮皮灭蛹　为控制为害，在冬、春季成虫羽化前，对越冬蛹量大的树，全树刮除老翘皮并烧毁，消灭越冬虫源。

（2）诱杀成虫　在成虫发生期设置黑光灯诱杀，也可在午后成虫聚集在树干或地下时喷 50％辛硫磷乳油 1 500 倍液防治。

（3）树冠喷药　6 月上旬卵孵化盛期为防治适期，建议选用灭幼脲 3 号胶悬剂 2 000～2 500 倍液、或蛾螨灵 2 000 倍液进行防治。

（4）阻杀幼虫　在老熟幼虫脱花前在主枝和树干上涂黏虫胶环阻杀幼虫。

（二十一）木橑尺蠖

木橑尺蠖（*Culcula panterinaria* Bremer et Grey）属鳞翅目，尺蛾科，又名木橑步曲、吊死鬼等。为害板栗、黄栌、核桃、石榴、月季、山楂、杏和李等 100 多种植物。在河北、河南、北京、山西、山东、四川等地均有发生。

1. 为害特征　是一种杂食性害虫，以幼虫咀食叶片造成为害。发生严重时，3～5 天内就能将叶吃光。

2. 形态特征　成虫体长约 17～30 毫米，翅展约 70 毫米左右，体灰白色。前后翅分布大小不等的灰色和橙色斑，外横线为一串橙色和深褐色圆斑。前翅基部有 1 个明显的橙黄色大斑，斑内为灰色小斑。卵扁圆形，绿色。幼虫共 6 龄，3 龄幼虫体长 18 毫米，头宽 1.1 毫米。老熟幼虫体长约 70 毫米，头部暗褐色，体色随着寄生植物的颜色变化，散生灰白色小斑，头部额面有一

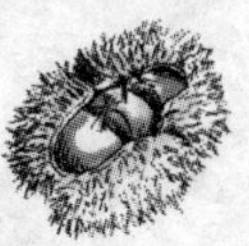

个深棕色的“∧”形凹纹，前胸背板先端两侧各有一个突起，胸足3对，腹足2对。蛹纺锤形，黑褐色有光泽，体表有微小刻点，头部有2个耳状突起。

3. 发生规律　在河北每年发生1代。以蛹隐藏石堰根、梯田石缝内，以及树干周围土内3厘米深处越冬，也有在杂草、碎石堆下越冬的。次年5月上旬开始羽化为成虫，7月中、下旬为盛期，8月底为末期。成虫不活泼，有趋光性，喜欢在晚间活动，白天则静止在树上或梯田壁上，很容易发现。成虫出土以晚间8～12时最多，羽化后即交尾，交尾后1～2天内产卵，卵块不规则，卵粒多者可达千余粒，上覆盖有棕黄色毛，卵多产在叶背、石块下或粗皮缝间，卵期9～10天，7月上旬孵化出幼虫，初孵幼虫较活泼，喜光，常在树冠外围食叶肉为害，造成网叶，可吐丝下垂转移为害。幼虫共6龄，3龄后的幼虫较迟钝，但食量猛增。7～8月为害最重，易暴食成害。8月中、下旬幼虫老熟开始化蛹，可拖延到10月下旬。

4. 防治措施

(1) 挖虫蛹　晚秋或春季根据虫害发生情况，在蛹较集中的园内，刨树盘挖捡虫蛹，压低虫量。

(2) 捕蛾　可利用成虫趋光性和成虫发生期长的特性，设黑光灯诱杀，也可清晨人工捕蛾。

(3) 药剂防治　幼虫3龄前食量小，抗药力差，应适时喷药。建议选用50%辛硫磷乳油1 000倍液；或20%速灭杀丁乳油1 500～2 000倍液；或5%高效氯氰菊酯3 000倍液；或25%灭幼脲3号胶悬剂2 000～2 500倍液等进行防治。

二、主要病害及防治

(一) 白纹羽病

1. 症状　根部腐烂，表面布满白色至灰白色网状菌丝，病皮易剥离，病皮与木质部之间有时产生黑色球形小颗粒，为病菌的菌核。病树叶片发黄，枝条枯萎，严重时全树死亡。

2. 病原菌　为 *Rosellinia necatrix*，属子囊菌亚门真菌。无性世代为 *Dematophora necatrix*，属半知菌亚门真菌。有性世代在朽根上产生子囊壳，但不多见。无性世代在病根完全腐烂时才产生，分生孢子无色，单胞，卵圆形，2～3 微米。

3. 发病规律　病菌主要以菌丝、菌核或根状菌索在病根上越冬，翌年菌核或菌索上又长出菌丝，从根部皮孔侵入。病菌通过病、健根接触或带病苗木传播。栗园低洼、潮湿、排水不良，发病较重；栽植过深、耕作时伤根较多以及土壤酸性较强、有机质缺乏的栗园发生也较重。

4. 防治方法

(1) 加强栽培管理，增施农家肥和磷、钾肥，提高抗病能力。

(2) 发现病树，扒开根部土壤，剪掉病根，在伤口处涂 1∶1∶100 倍波尔多液，然后用 70%甲基托布津 500 倍液灌施于根部，进行土壤消毒。

(3) 在砍伐的林地建栗园时，应先种 2～3 年农作物，待树根充分腐烂后再建园。

(二) 栗树根朽病

1. 症状　根朽病树干的根颈部及主、侧根皮层腐烂，内有白色或淡黄色菌丝，有蘑菇气味，皮层和木质部之间有白色至黄白色呈扇状分布的菌丝层。病树叶片发黄，发育不良，重者全树枯死。

2. 病原菌　*Armillariella mellea*，属担子菌亚门真菌。病菌的子实体丛生，菌盖 4～14 厘米，浅土黄色，边缘具条纹。菌柄长 6～13 厘米，土黄色，基部略膨大，上着生白色菌环。菌褶近白色，直生或延生。担孢子光滑，无色，椭圆形，大小为 7～11 微米×5.0～7.5 微米。

3. 发病规律　根朽病菌以菌丝体或根状菌索在病根组织中

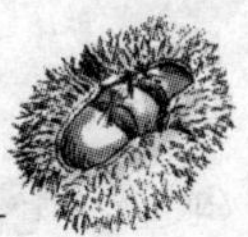

越冬，主要靠菌索传播。在采伐不久的林迹地建栗园及老栗园发病较多。

4. 防治方法　可参考白纹羽病的防治方法。

（三）栗立枯病

是苗圃常见病害。幼苗出土后，根颈部尚未充分木质化前，在根颈部出现褐色长形病斑，上下蔓延，病部凹陷环缢根茎，地上部因失水而萎蔫至枯死。

1. 症状　分急性和慢性两种。急性发病树早期不易被发现，在盛夏时栗叶急速萎蔫、卷曲、干枯；慢性发病树落叶早，春天发芽迟长势弱，叶片缓慢黄化、干枯、落叶。

2. 病原菌　有两种，一种是 *Macrophoma castaneicola*，属半知菌亚门真菌。病菌的分生孢子器黑色，分生孢子圆至圆筒形，无色，单胞，大小为17.5～25.0微米×5.5～8.0微米。另一种病原菌为 *Didymosporium rodicicola*，属半知菌亚门真菌。分生孢子栗褐色，茄形，双胞，大小为22.5～35.0微米×10～15微米。

3. 发病规律　病原菌在土壤中病组织上越冬，以病菌孢子或病、健根接触传染。土壤黏重、通气不好及排水不良的栗园发病重。

另外，低洼易涝地块发病严重，前茬为棉花、土豆、瓜类、蔬菜时发病重。施用未腐熟的厩肥、过量氮肥等均可加重此病的发生。

4. 防治方法

（1）改良土壤，增加土壤通透性。及时排出栗园积水。

（2）发现树叶发黄时，扒开根土剪除病根。增施农家肥，促进根系生长，提高根系抗病能力。

（3）苗圃地要选择在排水良好的砂壤土上，避免选择黏重土、低洼地或前茬为棉花、豆类、菜地等地块。合理施肥，不偏施氮肥，增施适量磷、钾肥，提高苗木抗性。

(4) 中耕松土，提高地温。

(四) 板栗胴枯病

又名干枯病、疫病。在我国普遍发生，是我国对内外检疫对象之一。

1. 症状　可为害幼苗和大树的主干及侧枝。初期树皮上出现水渍状、红褐色、圆形或不规则形病斑，稍凸起，病组织松软，常会溢出黄褐色汁液。以后病斑向上下扩展，直至包围树干。病部早期呈湿腐状，有酒糟味，失水后，树皮干缩纵裂。春天在病疤上可形成病菌的孢子座，遇雨水或空气潮湿时，涌出黄色卷须状物，即分生孢子。

2. 病原菌　*Endothia parasitica*，子囊菌亚门。病菌子座直径0.7～2.0毫米，内生分生孢子器和子囊壳。分生孢子器不规则形，大小不一，单室或多室。内生的分生孢子单胞、无色、长椭圆形或圆柱形，直或略弯，大小2.4～3.0微米×1.1～1.3微米。子囊壳球形或扁球形，有长颈，内生子囊和子囊孢子。子囊孢子椭圆形，无色，双细胞，大小5.9～9.0微米×3.5～4.0微米。病菌的生长适温为25～30℃，超过30℃生长不良，高于39℃菌体死亡，低于7℃菌丝体停止生长。

3. 发病规律　病菌主要以菌丝或分生孢子器在病株枝干上越冬。每年3月，即在栗树发芽前后产生子囊孢子或分生孢子，孢子萌发后从寄主伤口侵入。病菌经风雨、昆虫或鸟类传播。日灼伤、冻伤斑、嫁接口、锯剪处、虫蛀孔洞是常见的病菌侵入点。一般侵入后1周左右出现病斑，发展迅速，短时间内即可环绕整个树干致树死亡。土壤瘠薄、根系浅少，树势弱发病重。品种间发病差异显著。

此病的远距离传播是通过带病苗木、接穗、原木等完成的。

4. 防治方法

(1) 加强检疫　防止带菌苗木、接穗、种子传到无病区。调入的苗木，在萌芽前用波尔多液喷洒后再定植。也有用2%硫酸铜浸苗木 5 分钟消毒。种子可用 0.5%福尔马林浸种 30 分钟，清水冲洗后播种。

（2）加强管理　增强树势，减少伤口，防止病菌侵入。特别要注意嫁接口的保护，适当提高嫁接口的位置。冬、夏季将茎干涂白，以防日灼和冻害。加强蛀干害虫的防治。

（3）砍除重病株和重病枝，及时烧毁病株或病枝。

（4）发病轻者可刮除病部皮层后涂抹 5%菌毒清 100～200 倍液或 843 康复剂或腐必清等。

（五）栗芽枯病

1. 症状　该病为害芽、叶片、新梢和花穗。全年发病时期为 4～7 月下旬左右。栗芽绽开时，病芽呈水渍状，后变褐枯死。幼叶发病，产生水渍状暗绿色病斑，以后整个小叶变黑褐色，枯死。叶片发病，产生水渍状小斑点，不久变成褐色，周围有黄绿色晕圈。叶脉发病，叶片呈扭曲状，最后叶片变褐，向内卷曲。叶柄也可受害。主脉和叶柄发病，往往蔓延到着生的新梢上。新梢发病时，往往引起花穗枯死、脱落，在新梢上留下疮痂状痕迹。

2. 病原菌　*Pseudomonas castaneae*，属假单胞杆菌属细菌。

3. 发病规律　病菌在枝梢病组织中越冬，借助雨水传播。品种间发病程度有明显差别。

4. 防治方法

（1）剪除病梢，收集病叶，集中烧毁。

（2）栽培抗病品种。

（3）发芽前对树体喷洒 1∶1∶160 倍波尔多液。生长季节，于发病初期喷施农用链霉素 50～100 毫克/千克。

（六）板栗白粉病

1. 症状　是苗圃常见病害。受害板栗叶片、嫩梢和芽等幼嫩组织表面着生一层灰白色粉霉状物，称为表白粉病。另一症状是发病初期叶面可见不规则褪绿黄斑，后在叶片背面产生淡灰白色菌丝和白粉层，称为里白粉病。

2. 病原菌　表白粉病的病原菌为 *Microsphaera sinensis*，里白粉病的病原菌为 *Phyllactinia roboris*。属子囊菌亚门真菌。

3. 发病规律　病原菌于板栗病叶、病梢或土壤中越冬。翌年春，由闭囊壳释放出子囊孢子，借气流传播到嫩叶、嫩梢上进行初侵染，板栗苗木过密，低洼潮湿，通风透光不良，光照不足，有利于病菌侵染和流行；圃地偏施氮肥，而磷、钾不足，苗木徒长发病重。

不同板栗品种对白粉病的抗性差异较显著。

4. 防治方法

（1）秋、冬季注意彻底清除栗园的病落叶，剪除病枝；对附近发病的栗属和栎属树木，亦一并管理；耕翻林地或圃地土壤，以减少越冬病原菌。

（2）新开发板栗园，应选择抗病、丰产的品种，并采用嫁接苗。

（3）苗木和幼树，早春喷洒 3 波美度石硫合剂或 25%三唑酮粉锈宁 1 500 倍液，生长季节可喷施 25%粉锈宁 1 500 倍液进行防治。

（七）栗褐斑病

栗褐斑病为害栗树叶片。多在 7 月份始见病斑，9 月份病斑急增，易引起早期落叶。

1. 症状　发病初期，栗叶上产生褐色小斑点，后逐渐扩大为 6～10 毫米的近圆形病斑，褐色至暗紫色，周围有黄色晕圈，中央散生黑色小粒点，为病菌的分生孢子器。叶片上有多个病斑，易引起早期落叶。

2. 病原菌　*Morenoella guercina*，属子囊菌亚门真菌。病菌在叶表形成子囊壳，子囊壳扁平、黑色。子囊圆筒形，无色，大小为 20～45 微米×7～17 微米，内含 8 个子囊孢子。子囊孢子纺锤形，双胞，隔膜处稍缢缩，大小为 8～17 微米×3～5

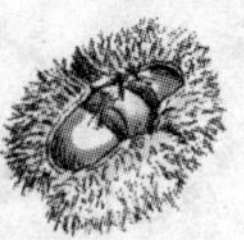

微米。

3. 发病规律　病菌在病叶上越冬，翌年春天产生子囊孢子，侵染叶片。

4. 防治方法

(1) 清扫落叶，集中烧毁。

(2) 生长期可喷施半量式波尔多液100倍液防治。

(八) 栗叶炭疽病

1. 症状　栗叶炭疽病为害栗树叶片。发病初期，在叶面形成不规则形褐色斑点，病斑扩大后变成大型褐斑，周围具深褐色环纹。有时数斑融合连片，病斑背面浅褐色，密生暗褐色分生孢子层。叶脉病斑椭圆形，褐色。随着病情发展，叶色变黄，干枯。

2. 病原菌　*Gnomonia setacea*，属子囊菌亚门真菌。翌年春天落叶病斑上形成有性世代，子囊壳在叶背病组织内埋生，露出长颈。子囊孢子大小为10～13微米×1.5～2.5微米，无色，双胞，两胞大小不等，每端具针状附属丝，发芽适温18～25℃。分生孢子无色，单胞，圆筒形，稍弯曲，大小为9～13微米×1.0～1.5微米，不能发芽。

3. 发病规律　病菌在病落叶中越冬，翌年产生子囊孢子，进行侵染。中国和欧美栗品种发病重，日本品种发病轻。密植园、老栗园、管理粗放园发病重。

4. 防治方法

(1) 加强肥水管理，提高树体抗病能力。

(2) 清除病源　冬季和早春清扫落叶，集中烧毁或深埋。

(3) 药剂防治　可用70%代森锰锌可湿性粉剂600～800倍液，50%多菌灵可湿性粉剂600～800倍液等。

(九) 栗果炭疽病

我国各栗产区均有发生，引起栗苞早期脱落和贮藏期种仁腐烂，不能食用。

1. 症状　一般进入8月份以后栗苞上的部分苞刺和基部的

苞壳开始变成黑褐色，并逐渐扩大，至收获期全部栗苞变成黑褐色。受害的栗苞表面密生黑色粒状分生孢子盘，潮湿时产生肉桂色黏稠状分生孢子团。感病栗苞比健康的小，多提早脱落。栗果实发病比栗苞发病迟，多从果实的顶端开始，也有的从侧面或底部开始，感病部位果皮变黑，常附着灰白色菌丝。病菌侵入果仁后，种仁变暗褐色，随着症状的发展，种仁干腐萎缩，产生空洞，内部充满灰白色菌丝，最后全部种仁呈干腐状，不能食用。有的病果被其他菌腐生，呈软腐状。

2. 病原菌　有性世代属子囊菌亚门真菌，无性世代为盘长孢状刺盘孢 *Colletotrichum gloeosporioides*，属半知菌亚门真菌。病部表生分生孢子盘，有或无刚毛。分生孢子无色，单胞，内含油滴。孢子形状因菌株不同，有圆筒形和纺锤形两种，圆筒形孢子大小为13～24微米×4.5～6.5微米，纺锤形的为13～20微米×4～6微米。在培养基上，菌丝为黑绿色或红褐色。菌丝发育和孢子发芽温度为15～30℃。5℃左右时菌丝也能缓慢生长。

3. 发病规律　病菌以菌丝或子座在枝干上越冬，多在芽鳞中越冬。病菌在翌年条件适宜时，产生分生孢子，借助风雨传播到附近栗苞上，引起发病。病菌从幼果期即开始侵染栗苞，但只有在生长后期病害症状才进展较快。病菌还能在花期经柱头侵入，造成栗苞和种仁在8月份以后发病。

发病轻重与品种关系密切。老龄树、密植园、肥料不足以及根部和树干受伤害所致的衰弱树，发病重。树上枯枝、枯叶多和栗瘿蜂为害重的树往往发病也重。栗蓬形成期潮湿多雨，有利于病害发生。

4. 防治方法

（1）保持栗树通风透光，剪除过密枝和干枯枝。

（2）加强土壤管理，适当施肥，增强树势，提高树体抗病能力。

（3）种植优良的抗病品种。

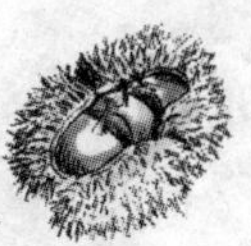

(4) 冬季清园后喷 40%灭病威或 50%多菌灵 600 倍液。早春再喷 1 次 3 波美度的石硫合剂。

(5) 发病重板栗园和夏季多雨年份，从 7 月份开始往树体喷洒药剂，药剂有 50%苯菌灵可湿性粉剂 2 500 倍液，或 70%代森锰锌可湿性粉剂 600～800 倍液，50%多菌灵可湿性粉剂600～800 倍液，半量式波尔多液 200 倍，连喷 3 次左右。

(十) 栗果软腐病

1. 症状　栗果实霉烂，灰白色，略软化，表面生灰白色绵状霉，后期现点状黑霉，即病原菌的菌丝、孢子囊梗和孢子囊。

2. 病原菌　*Rhizopus stolonifer*，属接合菌门真菌。菌丝初无色，后呈灰黑色，菌落生长很快；假根发达，根状，初期变成黄褐色，孢囊梗直立，2～4 根丛生，壁光滑，浅褐色至深褐色，直径 12～22 微米，孢子囊球状至亚球状，成熟时黑色，有小刺，直径 95～187 微米。孢囊孢子球形，大小 5～8 微米×4.5～6.5 微米。

3. 发病规律　病菌寄生性弱，分布十分普遍，可在多种植物上生活，条件适宜产生孢子囊，释放出孢囊孢子，靠风雨传播，病菌从伤口或生活力衰弱或遭受冷害等部位侵入，该菌分泌果胶酶能力强，致病组织呈糨糊状，在破口处又产生大量孢子囊和孢囊孢子，进行再侵染。气温 23～28℃，相对湿度高于 80%易发病，果实伤口多发病重。

4. 防治方法

(1) 加强肥水管理，保持通风透光。

(2) 防止产生日烧果，果实成熟后及时采收，不要长时间挂在枝上。发现病果及时摘除，集中处理。雨后及时排水，防止湿气滞留，注意通风换气。

(3) 贮运时注意减少伤口。

(十一) 栗仁斑点病

又称栗仁干腐病、栗黑斑病。在我国河北、山东等省主要栗

产区发生比较普遍。主要为害果实，病栗果在收获期与好果没有明显异常，而贮运期在栗种仁上形成小斑点，引起变质、腐烂，所以是板栗贮运和销售期间的重要病害。另外也可以为害枝干引起干腐病。

1. 症状　一般表现 3 种类型：①黑斑型。内、外种皮多正常，极少数栗果尖端变褐变黑，在种仁表面产生大小不一、形状不规则的坏死斑点，黑褐色、灰黑色至炭黑色。病部深入种仁内，切面呈灰白色、褐色、灰黑色、炭黑色等。发病重时病粒切面有灰白色、灰黑色的不规则裂缝。②褐斑型。种仁表面形成深浅不一的褐色坏死斑，深入种仁内部，切面白、淡褐、黄褐色。部分病粒切面有灰白色至灰黑色的条纹状空隙。③腐烂型。种仁呈褐色或黑色干腐或软腐。黑斑型和褐斑型的发生症状约占 90%左右，腐烂型只占 10%。前期以褐斑型居多，后期多为黑斑型。

2. 病原菌　栗种仁斑点病的病原菌比较复杂，多为葡萄座腔菌、拟茎点霉、镰刀菌、暗色座腔孢等真菌复合侵染，其中以子囊菌亚门真菌葡萄座腔菌为主。主要有炭疽菌 *Colletrichum gloeosporioides*、链格孢菌 *Altrtnaria alternata*、镰刀菌 *Fusarium solani*、三隔镰刀菌 *F. tricinctum*、串珠镰刀菌 *F. moniliforme*、扩展青霉菌 *Penicillium expansum* 等。炭疽菌和链格孢菌是种仁黑斑型症状的主要致病菌，镰刀菌和扩展青霉菌是褐斑型症状的主要致病菌，腐烂型则是种仁黑斑型和褐斑型症状的后期阶段。

3. 发病规律　病原菌在枝干病斑上越冬，病菌孢子借助风雨传播，侵染果实。病害在板栗近成熟期开始发病，成熟至采收期病果粒稍有增多，常温下沙贮和运销过程中，病情迅速加重。沙贮温度在 25℃左右时有利于病害发生发展，15℃以下时病害发展缓慢，5℃以下时基本停止发展。栗仁轻度失水可促进病斑发展和病害侵染，有利于病害发展；过多失水则病斑扩展缓慢。

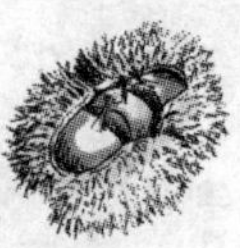

幼树、壮树发病轻，老树、弱树发病重；通风透光良好栗园发病轻，通风不良的密植园发病重；树体上病虫害、机械伤多的栗园发病重；早采收和贮运过程中机械伤多的栗果发病重。

4. 防治方法

（1）加强栽培管理，增强树势，提高树体抗病能力，减少树上枝干发病。

（2）及时刮除树上干腐病斑，剪除病枯枝，减少病菌侵染来源。

（3）采收时，注意减少栗果机械损伤。

（4）采后立即进行预贮沙藏，防止栗仁失水风干。贮藏和运输温度保持在5℃以下，可基本杜绝该病发生。

（5）药剂防治　从6月中旬开始，连喷3次杀菌剂，可以选用50%多菌灵可湿性粉剂600～800倍液，半量式波尔多液200倍等。

（十二）生理性病害

1. 缺钾

（1）发病症状　春季展叶后生长正常，进入雨季后枝条中、下部叶片边缘出现焦枯状干边，一直持续到落叶，严重时造成全树落叶。

（2）防治方法　在缺钾严重的地块，发芽前每亩施20～30千克硫酸钾，展叶后至雨季前喷2～3遍0.3%磷酸二氢钾。

2. 缺硼

（1）发病症状　缺硼在叶片和生长势中表现不明显，但在花期授粉受精时非常敏感，缺硼往往造成板栗空蓬，严重时空蓬率达到95%以上。

（2）防治方法　在花前和盛花期喷布2遍0.3%硼砂＋0.3%磷酸二氢钾，防治效果可达85%以上。但叶面喷肥只是补救的临时措施，要满足树体对硼肥的需要，应在每年秋季每平方米树冠投影面积施入硼砂5克，可有效防止板栗空蓬的发生。

3. 硼中毒　缺硼可以引起板栗空蓬，但是使用过量也会造成硼害。目前硼中毒没有较好的解救方法，而且硼在土壤中消解很慢，一旦硼中毒，往往受害多年。因此，板栗施硼量一定要小，次数要少，2～3 年施 1 次。

（1）发病症状　硼中毒春季不明显，但一到雨季，硼在土壤中溶解，造成叶片烧伤。一般受硼害后叶脉间和叶边缘有明显的干枯状，尤其是叶脉间的干枯状分布非常对称均匀，这是与缺钾症状的显著区别。

（2）防治方法　一旦发现硼中毒，马上按施肥坑位置将硼砂挖出（因为硼砂在土壤中溶解较慢）。严格掌握硼砂的施用量，一般结果大树每株不超过 50 克，3～5 年生幼树每株 3～5 克。

4. 缺钙　华北地区片麻岩山区多数为中性偏酸土壤，土壤中一般不缺钙，但在铵、钙比和钾、钙比高时，产生铵离子和钙离子、钾离子和钙离子的相互拮抗作用，进而影响板栗根系的吸收。

（1）发病症状　春季展叶后生长正常，进入雨季后期枝条中、下部叶片边缘出现焦枯状干边，严重时叶缘叶色灰绿向内返卷干枯，失去光合性能，被称为叶焦病。该病害在新栽幼树和新嫁接的初结果树发病率较高，进入盛果期后叶片干枯症状消失。但在严重缺钙时，栗果在采收期表现为严重腐烂，烂果内的含钙量仅为正常果的 50%。

（2）防治方法　防治板栗缺钙的有效方法是施用有机肥，改善土壤物理结构和化学性能，使土壤释放较多的活性钙，满足栗树生长发育的需要。其次是叶面喷布活性钙，直接补充钙素营养。生长季节每隔 15～20 天喷 1 次 0.3%～0.4%氨基酸钙，一年喷布 3～5 次。

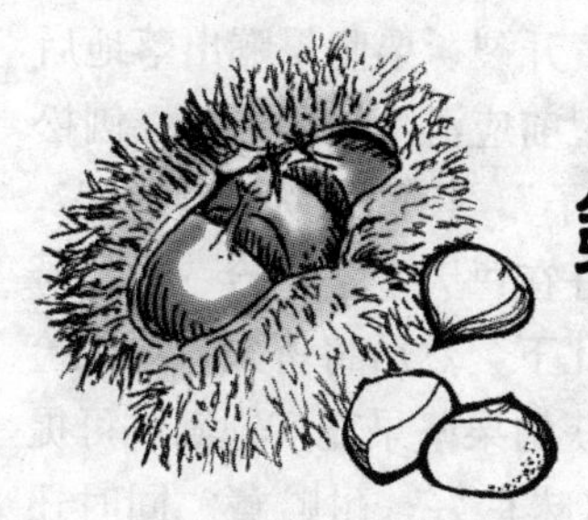

第八章　板栗的采收、分级及贮藏加工

一、采收、分级及贮藏保鲜技术

（一）采收

1. *采收时期*　板栗各品种间的成熟期是不一样的，早熟品种于8月下旬成熟，晚熟品种10月底至11月初成熟，大部分品种都在9～10月份成熟。所以，采收时期的确定要依据地区和品种而异。

板栗成熟标志是栗苞由绿色变为黄褐色，并开裂成十字裂口（也有的品种开成一字裂口）；苞内栗实由黄白色变成褐色，带有光泽（不同品种色泽有差异）。充分成熟时，栗坚果从苞中脱出而自然落地。完全成熟时的栗坚果饱满，色泽鲜艳，风味佳，耐贮藏。提前采收（采收未开裂的青苞）者不仅产量有损失，而且栗坚果不饱满，色泽差，风味淡，贮藏中容易腐烂。

据研究，栗坚果的干物质积累主要是在采收前的30余天完成的，成熟前半月之内，是栗坚果增重最快的时期。每早采收1天，单粒重减轻3％～5％，早采半个月，仅单粒重一项，其减产幅度就达30％左右。因此提前采收对栗坚果产量、质量都有显著的不良影响。

2. *采收方法*　按照板栗成熟标志，板栗采收分为拾栗子、打栗苞和拾、打结合法。

（1）拾栗子　即待树上的栗苞发黄开裂、栗坚果蹦出落地后拾取。为了方便拾栗作业，在栗苞开裂前应清除地面杂草，刨松土壤，整平地面，群众称为“刨树场子”，夜间因为落栗较多，为避免中午日晒而使栗坚果干燥，最好在每天上午捡拾一次。捡拾落栗以前，如有可能先将栗树摇晃几下，然后将落栗、栗苞捡干净，集中预贮。采用这种办法，收获的栗坚果充实饱满，可提高产量10%～15%，且坚果外观和风味良好，耐贮藏，同时还能避免枝梢损伤，又能充分利用辅助劳动力，主要收获期约为1周。但缺点是比较费工，采收延续时间较长，落地后如不及时拾取，坚果会失水风干，即减产又不耐贮藏。

采取拾栗子的方法，还需注意在阴雨天、雨后初晴及露水未干时不宜拾栗子。因为这时的栗实湿度大，耐贮藏性差。如雨后拾的栗实沙藏20天后，腐烂率高达95%，而连续几个晴天后采收，同样沙藏20天的腐烂率仅为5.4%。

（2）打栗苞　即用竹竿将树上的栗苞打下来，拾取栗苞集中堆放，数天后待栗苞开裂取出栗坚果。这种方法在我国大部分地区采用。打栗苞的时期有不同情况，一种是待栗苞1/3转黄，略呈开裂时，此时栗苞与结果枝之间大多已产生离层，可用竹竿一次打落。此法采收时期集中，速度快，节省劳力、不易丢失；缺点是有部分栗实尚未成熟，影响质量；易打断结果枝和打掉叶片，影响次年结果。另一方法是分期打栗苞，即将发黄的栗苞先打下来，青苞等到黄熟后再打。一般是2～3天打1次。对于成熟期不整齐的栗园，还可在采收前10～15天喷1次0.1%的磷酸二氢钾，促使其一致成熟。此法适用于那些散生栗树，或栽培面积较大，或鼠、兔害严重不宜采用拾粒法的栗园。打收的栗苞要尽快暂贮后熟。选择背阴通风的地方，将栗苞堆积60～80厘米厚，其上覆草防晒、防干，并泼清水降温，3～5天内及时脱粒。

（3）拾、打结合法　即先行捡拾落地的成熟栗果，待树上剩下少量成熟栗苞时，将栗苞打落。

为了保证既采收成熟栗实，又要减少损失和风干，最好的方法是将拾栗子与打栗苞结合起来。在栗坚果开始成熟时拾取栗子，待树上栗苞全部成熟后一次打净。一定要坚决杜绝打青苞的做法。

（二）分级

板栗在生产过程中，受诸多因素的影响，其商品属性诸如大小、形状、色泽、成熟度等差异较大，即使同一植株上的栗实，商品属性也不可能完全相同，因此，在市场供应或贮藏之前，必须对采收的栗坚果，按一定的标准进行分级，使其商品标准化，以利于栗坚果的商品化处理；同时通过栗坚果分级，实现优劣分置，能够有效地防止病虫和有害生物的传播与扩展。结合国内外市场要求，参照1989年国家颁布的板栗等级标准（GB 10475—1989）执行（表8-1）。

表8-1 板栗等级标准（GB 10475—1989）

等级	千克粒数	外 观	缺 陷
特等	颗粒均匀，小型果每千克不超过160粒，大型果每千克不超过60粒	果实成熟饱满，具有本品种成熟时应有特征，果面洁净	无霉烂、无虫蛀、无杂质。风干、裂嘴果两项不超过10%
一等	颗粒均匀，小型果每千克不超过180粒，大型果每千克不超过100粒		无霉烂、无杂质。虫蛀、风干、裂嘴果三项不超过3%
二等	颗粒均匀，小型果每千克不超过200粒，大型果每千克不超过160粒		无杂质。霉烂、虫蛀、风干、裂嘴果4项不超过5%。其中霉烂不能超过1%

1. 手选　这是国内目前普遍采用的方法，即根据人的视觉判断，将产品分成若干等级。手工分级能减轻伤害，适用于各种果品，但工作效率低，级别标准易受人心理因素的影响。

2. 机械分级　采用机械分级，可以消除人为因素的影响，

能显著提高工作效率。

各种选果机械大都是根据栗实直径、大小、形状选果，或是根据栗实的不同重量进行的重量分级而设计制造的。

（1）果径大小分级机　其原理是仿照筛子筛分粒状物质而设计的，把小栗坚果一次分开，最后把大的栗坚果留下来。选果机根据旋转摇动的类别分为滚筒式、传送带式和链条传送带3种。坚果果径大小分级机有构造简单、故障少及工作效率高等优点，但精确度不够高。

（2）果实重量分级机　是根据栗坚果的重量进行计量分级的机械，使用中机器按其衡重的原理分为摆杆秤式和弹簧秤式两种。这类选果机构造复杂、价格高，处理栗坚果的能力也难以大幅度提高。

（三）贮藏保鲜技术

1. 贮前处理

（1）散热预贮　即采收后散热处理。因板栗采收期气温较高，加之初采栗坚果含水量较大，为防止栗坚果霉烂变质，对初采收的栗坚果要散发掉多余水分和呼吸热量，称为“发汗”处理。否则，栗坚果含水量大，自身温度高，呼吸作用旺盛，在库房通气不良、大量堆积的情况下，温度急剧上升，会导致胚芽与子叶发酵腐烂。因此，散热预贮的目的在于降低呼吸作用强度，加速散发田间热，降低果实温度，延长贮藏期，提高品质，减少腐烂。

处理方法：栗坚果采收后要放在凉爽潮润环境，如在背阴处挖浅沟或凉棚下浅坑暂贮，沟或坑底铺潮润洁净河沙10厘米，然后用2份湿沙与1份栗坚果混合，或一层栗坚果一层湿沙堆积，栗堆厚度30～40厘米，4～5天后翻倒1次，10月下旬至11月上旬后，随夜间气温下降到0℃再入窖贮藏。

（2）防虫处理　在栗实象鼻虫为害非常严重的板栗产区，在栗实采收后，应集中熏蒸杀虫，而后贮藏或上市。做法是根据栗

坚果的数量大小，可采用熏蒸室、熏蒸箱、坛瓮之类的器具，以能密闭而不漏气为度。使用二硫化碳熏蒸比较安全可靠，当气温高于 20℃时，用量以每立方米使用 20 毫升为宜，气温低时用量要高些，反之用量可少些。二硫化碳为可挥发气体，比重比空气大。操作时将二硫化碳倒入表面积较大的浅器皿内，放在栗坚果堆上面，汽化后有效成分下沉。为了易于气化，药液可分装在几个器皿内置于房间的不同地方，以尽快扩散到每个角落。

二硫化碳是易燃液体，熏蒸时勿近火源，以免发生火灾。倒入二硫化碳后应立即关闭门窗，并用牛皮纸将门缝封严，一般 18～24 小时便可杀死全部害虫，然后将门窗打开，等气体扩散后取出栗坚果。

也可使用溴甲烷进行熏蒸杀虫，作法是将栗实装入麻袋内，移入熏蒸棚，按每立方米 60 克药量，熏蒸 4 小时，杀虫率可达 96%。熏蒸后，溴甲烷残留量仅为 1.9～3.8 毫克/升，低于国家规定的 50 毫克/升的标准，对栗坚果的蛋白质和脂肪含量也无大的影响，炒后熟食品尝果味正常。这种熏蒸方法操作简便、工效高、节省劳力，适于大规模推广应用。

据有关报道，也可采用在塑料袋内对栗坚果充氮降氧，当氧气含量降至 3%～5%时，4 天后栗坚果内害虫也可全部死亡。

(3) 防腐处理　为了减少栗坚果在贮藏中的腐烂，可以用 0.05% 2，4-D 与甲基托布津 500 倍液浸栗实 3 分钟，取出控干药液后进行贮藏。采用堆藏和沟藏前，分别喷洒 200 倍和 100 倍甲基托布津处理栗实，使霉烂变质栗实降低到 5%左右，做种子用的栗实发芽率高达 98%以上。

此外，使用比久（B_9）1 000 毫克/升、青鲜素 10 000 毫克/升或萘乙酸 1 000 毫克/升等浸果，既能减少腐烂，又有抑制发芽的效果。

2. *贮藏方法*　栗坚果对贮藏条件要求严格。栗实怕热、怕闷、怕冻、怕干。贮藏要求低温、保鲜、通气。板栗的贮藏方

法很多，可根据本单位或个人的实际经济情况，结合当地的现有条件或资源进行合理选择。下面介绍常用的一些板栗贮藏办法。

（1）沙藏法　这是北方板栗产区采用的主要方法。沙藏要求在冷凉背阴的地方，或四周及顶部用秫秸、苇席等搭棚遮阴，防止风吹、日晒、雨淋。棚内地面要平整，铺上10厘米厚的洁净河沙，在沙藏前先用清水漂洗栗果，将浮于水面上的不成熟果、风干粒和病虫果、霉烂果捞出，并拣出受伤的次果，然后将下沉的成熟栗果取出晾干，与湿沙混合，一般2份沙加1份栗果，或一层沙一层栗果进行沙藏。沙藏堆高出地面40厘米，宽1米。长度按栗果的数量而定。上面及四周覆盖10厘米厚的湿沙。沙的湿度以保持含水量8%～10%为宜，即手握成团、松开即散为宜。为了在沙藏期不受污染，最好选用无土的河沙，用前曝晒2～3天，用时加入5%的清水，水中溶入0.1%甲基托布津。

沙藏堆应间隔4～5天翻倒一次，以利于放热并拣出烂粒，保持河沙含水均匀，避免有干有湿。在翻堆一二次后，待气温下降到0℃时，入沟贮藏。贮藏沟应选择在高燥、排水良好的背风阴凉处，沟深、宽各1米，长度不限。沟藏时先在沟底铺一层湿沙，而后将栗实和湿沙边混均匀边放入沟内。为了省工也可一层沙一层栗实放入，每层沙和栗实厚约5～6厘米。低于沟口20厘米即可全盖湿沙，直到与沟口平齐，最后盖土。由于前期气温较高，沙藏沟不要覆土太厚，等气温下降到0℃后，再逐步加厚土层。这种沙藏法，堆后不用翻动栗实、不易变质。如果贮藏少量栗实，可以与湿沙混合后，放入深60厘米、直径30厘米的圆坑内，坑上覆土30厘米左右即可。

（2）冷风库贮藏　贮藏温度1～3℃，湿度65%～95%。通风库借助库外冷空气通风降温，空气流通，湿度较低，故须加包装材料和填充物保湿。可用木箱、纸箱或竹筐内衬塑料袋的包装

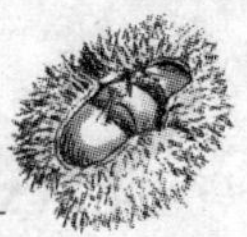

方法，贮藏前期不扎袋口，以利呼吸所产生的气体逸出。进入贮藏中期约30天后，栗实呼吸减弱后扎紧袋口。

（3）冷库贮藏　冷库贮藏是借助机械制冷降低库温。在气温高的地区，应采用冷库贮藏。用冷库贮藏损耗少，几乎无发芽现象，在贮藏量大，时间长，又需要经常供应市场时，冷库贮藏最为稳妥方便。冷库贮藏也要用塑料包装，以利保湿，与冷风库贮藏不同的是由于温度低，呼吸作用弱，所以入库时可扎紧袋口。贮藏期间要控制库温，不使其降到－2℃以下，防止栗实受冻变质。

具体做法是：将分级的板栗装入双层浸水的湿麻袋或内衬打孔塑料袋后封口，以保持栗实的湿度。码垛应实行叉车托盘制。即采用木制托盘，每盘上放4层麻袋，垛长方形，宽3块托盘，长11块托盘，高3层托盘。垛与垛之间留20～40厘米空隙，以便检查和通风降温。库温以控制在－1～0℃、相对湿度95%左右、二氧化碳浓度不超过3%为宜。

低温贮藏时，要注意：一是低温入库；二是包装不宜过大，宜在25～50千克之间。

（4）硅窗气调贮藏　板栗经预贮散热后，剔除烂果、虫果及破碎果。将选好的栗实放入清水中清洗，捞去漂浮的劣质果，取出晾干后用500倍甲基托布津溶液浸泡3分钟。用100厘米×80厘米的聚乙烯做成保险袋，袋子中部镶嵌硅胶作为透气窗口，膜的厚度为0.08毫米。硅窗面积85厘米^2，每袋贮藏量为25千克左右。装好后将袋子放入适宜的低温环境贮藏。

（5）塑料薄膜袋贮藏　塑料薄膜袋的特点是保湿性好但不通气，容易引起高温霉烂。所以刚采收的新鲜板栗呼吸强度大，释放的呼吸热多，不宜立即装袋贮藏，通常先沙藏1个月，待气温降低后再改用塑料薄膜袋。将挑选过的板栗，装袋前用500倍的甲基托布津溶液浸果10分钟，晾干后装袋。薄膜袋的厚度为0.05毫米。每袋以装15千克为宜。袋上打孔或

不打孔，如用不打孔的袋，则应不定期的打开袋口通风换气，尤其在气温高、湿度大时更应注意通风换气。然后将塑料袋装入竹篓、纸箱、果筐，置于冷室内，可及时运输、销售，腐烂率和失重率都很低。

（6）液膜贮藏　选择耐藏性较好的品种适时采收脱粒，并经1个月左右堆成小堆（堆高不超过1米）发汗散热处理后，用500倍托布津或多菌灵浸洗消毒，阴干后用虫胶4号、虫胶6号或虫胶20号涂料原液加水2倍，搅拌均匀后浸果5秒钟左右捞出，晾干后用箱（筐）包装，置于贮藏库中。常温条件下，每10天检查1次，及时剔除坏果，经100天贮藏后好果率达85%以上。若贮于0～3℃的低温条件下，好果率可达90%以上。

（7）栗苞贮藏　生产上为避开农忙、省工、省力，常进行带栗苞贮藏，南北方产地均可采用。具体做法是：选用排水良好的场地或室内，下面铺10厘米厚的河沙。晴天时采回栗蓬，栗苞应完整、无病虫。将栗苞露天堆放，堆的大小不限，但最高不超过1米，过高易发生腐烂。堆好后用秸秆等覆盖，以防晒、防干、防冻。25～30天翻动一次，如堆内发热或干燥，要适当泼水，以降低温度和保持一定的湿度。此法的优点是刺苞有保护作用。缺点是栗果易受象鼻虫为害、贮藏期间容易发芽、贮藏时占用空间大。

（8）坛藏或缸藏　少量栗果可贮藏在坛内或缸内，要求坛（缸）底铺些湿沙并且放置在阴凉的地方，达到低温、保湿的效果。

（四）运输

板栗在运输过程中要求保持低温和高空气湿度的条件，一般多采用湿麻袋包装，尽量缩短栗果的周转时间，以保证商品的质量。此外，在运输过程中，不得与有害物质混运，防止对栗果的污染。还要注意采取防晒措施，以防栗果失水风干影响品质。

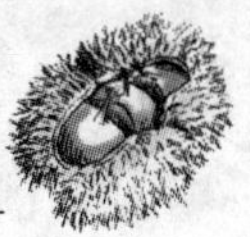

二、简易加工技术

（一）糖炒栗子

通常根据栗子的用途分为菜用栗和炒食栗，北方栗子和南方的小型栗子多为炒食栗，糖炒栗子是栗子加工的主要方法，也是一种国内外传统的食品。栗实经糖炒后，外壳呈棕红色，油亮，外有裂痕，但不开裂，易剥壳，入口松糯香甜，趁热进食，其味更佳。

简易的加工糖炒栗所需工具有铁锅、铁铲和大粒沙子。铁锅的大小可视加工量的多少而定，拌炒的沙一般用细石沙（绿豆沙），最好是久经炒制的陈沙。陈沙是栗子爆裂时，喷出的栗肉屑与饴糖粘接成的小小颗粒，这种沙能使栗子在炒制过程中受热均匀。沙与栗的比例为 2∶1，饴糖与栗子的用量比为 4～5∶100。备好上述原料之后，将沙炒至冒出青烟，即可投入栗子炒制。炒制时用铁铲不断翻动沙和栗子，使栗果受热均匀。在高温下栗果常常会发生爆破，故炒栗时要用文火。一般翻炒 30～40 分钟，果肉便完全发糯。在起锅前按 1∶400（植物油∶栗子）的比例加入植物油，使栗壳油润发亮，并滋润沙粒，便于筛沙取栗。筛去沙粒后，即可趁热出售。沙子再入锅内反复加工用。沙子用的次数多后变成黑色发亮，这时加糖液比初用时要少些。

为了提高糖炒栗子的质量，栗子洗净后要阴干十几天，一般可在湿度较大阴冷的室内放两周。栗果在风干和少量失水的情况下，含糖量增加，口感明显增甜，同时栗肉紧缩与壳分离，容易剥取整肉。但阴干时间不能过长，如超过 20 天虽然甜度还能增加，但果肉松软度降低，影响口感，同时重量下降而提高了成本。另外在炒前对大小栗子要分级，每锅栗子大小要一致，以免小粒熟时大粒半熟，或大粒熟时小粒已焦熟，失去了应有的品质。

糖炒栗子也可以机械操作，可用电动搅拌机代替人工炒制。

工厂化生产时用每分钟 20 转的旋转筒，将栗子和沙同时装入筒内，筒下用液化气作燃料。炒熟后筛出栗子放入少量糖和植物油进行搅拌。炒后的栗子装入特制的复合膜袋内，装入量用机械控制，尔后真空充气包装，冲入氮气或二氧化碳气，最后密封，这样放置较长时间仍能香软可口。

(二) 糖水栗子罐头

1. 工艺流程　原料挑选→去皮→预煮（护色）→漂洗→装罐→注糖液→灭菌冷却→打检→贴标签装箱→成品。

2. 操作要点

(1) 挑选　选新鲜饱满、单果重 7 克以上的栗实作原料，剔除虫蛀、霉烂、破碎、发芽果。

(2) 去皮　装罐用的栗子，一般采用手工去皮，可将采收的栗果在干沙中贮藏 1 个月，沙藏地点应选冷凉通风处，放置 15 天以上，待栗果内水分散发后稍许萎蔫裂口时进行加工。

为提高手工去皮效率，一般采取下列方法：一种是将栗果放入沸水中煮 3～5 分钟，立即捞出，趁热剥皮，由于沸煮后外壳变软，内皮与栗仁脱离，容易剥壳。另一种是将洗净的栗果放在筛网或滚筒内，吹 50℃以上的热风，使栗果外壳迅速脱水开裂翻卷，自然与栗仁分开，手工稍加处理，即可很快剥去栗壳。以上两种方法，前者适用于小规模生产，后者适用于一定规模生产。

(3) 预煮　栗子与预煮液的比例为 1∶1。在预煮液中加入亚硫酸盐等褐变抑制剂（抑制剂可抑制栗肉中形成羟醌聚合物，这种聚合物是一种黑褐色的物质），预煮时要分段缓慢升温：从 40℃升到 80℃约 50 分钟；从 85℃升到 93℃约 15 分钟，从 93℃再降到 60℃约 30 分钟，要特别防止骤冷骤热以免栗仁破裂。

(4) 漂洗　用 60℃的水漂洗 3 次，时间约 50 分钟。

(5) 装罐　经漂洗的栗仁按个头大小、色泽分开，去除破

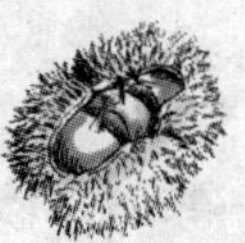

碎、变色、带斑点等不合格果，分别装罐，装量应为罐容积的50%。

（6）注糖液　一级砂糖经煮沸3～5分钟过滤，糖水内加入0.02%乙二铵四乙酸二钠和适量的抗坏血酸，可有效地保持和改善颜色并防止产生沉淀，糖液的浓度为折光度26度，温度80℃。

（7）排气与密封　因栗果属非热敏性果实，适宜热排气，将罐放入排气箱加热排气10～12分钟，待罐中温度达到90℃时，立即密封。

（8）灭菌与冷却　旋紧罐盖后倒罐杀菌5分钟，用60℃和40℃温水分段冷却。

以上方法加工的栗子罐头，放置1年以上无明显变硬现象，而且颜色鲜艳，栗肉味香甜。栗果肉含有大量单宁，遇铁会变褐色，加工时要注意避免接触铁制容器。

（三）栗子蜜饯

1. 工艺流程　原料挑选→清洗→去皮→预处理（护色）→一次预煮→糖渍→二次煮制→糖渍→三次煮制→糖渍→分级包装→灭菌→成品。

2. 操作要点与方法

（1）选择原料　要求栗果大小均匀，加工小袋精制品时，为使制品玲珑美观，栗果形状更需保持一致。栗果采收后，经沙藏40天后，放在阴凉通风处数天，使稍许萎蔫，避免加工中果肉碎裂。

（2）去皮　同糖水罐头去皮方法。

（3）预处理　将去皮洗净的栗仁放入不锈钢锅内预处理。栗子和煮液之比为1∶1。预煮液内加入适量的褐变抑制剂，用文火缓慢加热。水温升到93℃所需时间约50分钟，尔后保持此温15分钟。如遇颜色不理想的情况，可增加时间及增加褐变抑制剂的浓度。

(4) 煮制与糖渍　预煮好的栗子仁经温水漂洗后，投入折光度30度糖水内煮制，温度从常温升到93℃时停留约15分钟，从锅内取出放在不锈钢容器内糖渍24小时，第二次煮制时糖液的浓度提高到折光度45度，温度不超过85℃，将第一次煮过的糖渍的栗子放在此条件下煮15分钟，然后放到不锈钢容器内糖渍24小时。第三次煮制糖液的浓度再提高到折光度55度，煮制时间10～15分钟，同时放入适量的甘草、香兰素、桂花和蜂蜜。第三次糖渍时间可从24小时延长到48小时。

(5) 分级包装　经数次煮制的栗仁可能出现开裂和破损，应按破损轻重将其分开，分别装入玻璃瓶和蒸煮袋内封闭。

(6) 灭菌　装入玻璃瓶或蒸煮袋的栗仁，由于渗透糖时还没有达到67%以上的糖度，微生物还能繁殖，所以还要进行灭菌。灭菌时将糖渍栗仁装入250毫升玻璃瓶或100～200克的蒸煮袋内，在100℃的条件下灭菌15分钟，然后冷却至常温。

(四) 栗子酱

1. 工艺流程　原料→清洗→脱皮→软化→加糖浓缩→罐装→密封→灭菌→冷却→检验→贴标签装箱→成品。

2. 操作要点与方法

(1) 清洗　选用单粒重25克左右的大型栗实作原料，洗掉栗子上粘附的泥沙。

(2) 脱皮　采用脱皮机脱皮。因通有蒸气，可抑制褐化。

(3) 软化　经脱皮精选的栗仁用蒸气蒸约5分钟，使栗肉软化。

(4) 打浆　将软化的栗仁送入滚式破碎机破碎成粗粉状，再以一份栗二份水的比例充分搅拌，送入胶体磨进行细研磨。

(5) 浓缩　磨好的细栗浆放入夹层锅加热。初期蒸气压力30万帕斯卡。后期压力1 500万帕斯卡。以1.5倍砂糖溶解过滤成7.5%的糖浆加入到细栗浆内，当浓缩到折光度66度时，加入适量桂花香精、0.3%的羰甲基纤维素、0.03%的山梨酸钾充分搅拌，这时浓度已达到67%。立即出锅灌装。

(6) 灌装与密封　装罐时酱体温度不低于85℃，每锅以20分钟装完为好，装好后立即密封。

(7) 灭菌与冷却　密封罐再在100℃下灭菌30分钟，冷却至室温，即为成品。

(五) 栗羊羹

1. 配方　栗子粉1～2千克，白砂糖10千克，琼脂0.25千克，红小豆2.5千克，苯甲酸钠12克。

2. 操作要点

(1) 栗子制粉　将栗子洗净，去除杂质，煮熟后捞出控水，放在席上晒干或烘干。干燥后破碎，用风车吹去皮，用碾或粉碎机加工成粉末，过120目筛制得栗子粉。

(2) 红小豆提沙　红小豆洗净后水煮片刻加碱，倾去碱液(除去黏液)用清水洗净，加水用汽浴锅煮2小时至开花。将煮烂的小豆和水一同送入钢磨磨碎，用细箩纱使豆沙与皮分离。将豆沙用离水甩干机甩干至手握成团、离手即散的程度。一般100千克小豆可出180千克豆沙。

土法加工可用铁锅在煤火上煮，煮烂后放在20目的铜丝筛中用力揉搓去皮滤沙，将豆沙装进布袋挤压，除去水分。

(3) 琼脂的浸泡与溶化　将琼脂放入20倍的水中，浸泡10小时，使水充分渗进琼脂里，然后加热到90～95℃，琼脂可充分溶化。琼脂加入的数量和质量有关，一般占配方固形物总重的1.5%～2%即可凝结，质量差的则适当增加用量。

(4) 熬制　将溶化过滤好的纯净琼脂加砂糖掺合熬制，当琼脂和糖溶液温度达到120℃时加入栗粉豆沙及用少量水溶解的苯甲酸钠，熬成栗粉糖浆。苯甲酸钠是防腐剂，使用前先用水溶解，再放进锅内搅拌均匀。熬制水温不能超过105℃，以免破坏琼脂，影响凝结力。糖液含水量达到20%～22%时，应停止加热，立即出锅。整个熬制过程中要注意用木棒不断搅拌，防止

焦糊。

(5) 注模—凝结　出锅时，将熬成的栗粉糖浆用漏斗注入模具中，冷却成型后即可脱模，进行包装。包装好的成品即为栗羊羹。

成品的理化指标为：干物质量＞73%，含水分 21%～27%，含还原糖 3%～5%，耐 1 千克压力不裂纹。

主要参考文献

[1]《中国农业年鉴》编委会．中国农业年鉴．北京：中国农业出版社，2007

[2] 王福堂，白仲奎．板栗山地立体化栽培模式研究．林业实用技术，1990（12）：7～9

[3] 王福堂．板栗栽培贮藏与加工．北京：中国农业出版社，1993

[4] 唐山市教委成人教研室．实用果树栽培技术．北京：北京师范大学出版社，1990

[5] 河北省农林科学院昌黎果树研究所．北方果树修剪技术（修订本）．北京：农业出版社，1986

[6] 郗荣庭，曲宪忠．河北经济林．北京：中国林业出版社，2001

[7] 李保国．太行山板栗集约栽培．北京：中国林业出版社，1996

[8] 张宇和．板栗．北京：中国林业出版社，1989

[9] 孔德军，刘庆香，王广鹏．板栗栽培与病虫害防治．北京：中国农业出版社，2006

[10] 中央农业广播电视学校．板栗、核桃、枣、山楂、杏栽培与病虫害防治（果树专业）．北京：中国农业出版社，1991

[11] 王福堂．燕山板栗优良品种简介．河北果树，1996（1）：33

[12] 杨斌．8个板栗品种在甘肃陇南的引种表现．中国果树，2003（5）：19～21

[13] 路贺秀，苑清珍．9个板栗品种比较试验初报．中国果树，2006（1）：24～26

[14] 肖正东，宣善平．安徽大别山区板栗品种资源及其利用．果树科学，1994，11（1）：53～55

[15] 徐海珍，温桂华，曹淑云等．板栗矮化新品种紫珀的选育．中国果树，2006（5）：1～4

[16] 唐杰，闫创新，晏波．板栗良种“豫板栗2号”丰产栽培技术要点．

河南林业科技，2001，21（3）：46～48

[17] 李凤立，于乃京，王金宝等．板栗新品种怀九、怀黄．园艺学报，2004，31（1）：131

[18] 刘庆香，孔德军，王广鹏．板栗新品种“替码珍珠”．园艺学报，2004，31（5）：698

[19] 刘庆香，王广鹏，孔德军．板栗新品种“燕明”．园艺学报，2003，30（5）：634

[20] 明桂冬，柳美忠，周广芳等．板栗新品种黄棚的特征特性及栽培技术要点．山东农业科学，2003（5）：40

[21] 栾风福，刘玉刚，鲁刚等．板栗新品种丽抗的选育．中国果树，2003（4）：1～2

[22] 邵则夏，陆斌，黄汝昌等．板栗新品种选育研究．云南林业科技，2000，90（1）：33～38

[23] 张现君，关秋芝，邵明丽．板栗新品种豫板栗 3 号早期丰产栽培试验．中国果树，2003（2）：23～24

[24] 葛柄坤，徐耘．板栗优良地方品种——魁栗的初步研究．浙江林业科技，1991，11（3）：53～57

[25] 高新一，兰卫宗．北京板栗新品种．中国果树，1980（4）：49～51

[26] 栾风福，宋庆桃，王延娜等．板栗产区的几个主栽品种介绍．山西果树，2002（3）：49～50

[27] 李勇革．南方板栗主栽品种及高产栽培技术．湖南农业，1997（12）：10

[28] 徐玉君，王绍斌．九家种板栗高产优质栽培技术．广西园艺，2006，17（5）：29～30

[29] 吕平会，季志平，何佳林．山地板栗新品种“镇安 1 号”．园艺学报，2006，33（6）：1405

[30] 徐秀琴．适宜河北省推广的板栗优良品种及栽培技术要点．河北林业科技，2006 年 9 月，增刊：70～72

[31] 王云尊，马元考，陈维峰．珍稀板栗新品种浮来无花的性状及栽培技术．林业科技开发，2001，15（5）：31～32

[32] 明桂冬，周广芳，沈广宁等．泰安薄壳板栗的栽培要点及前景．落叶果树，2002（2）：12～13

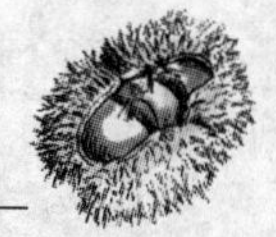

[33] 王德永，曲晖，何新等．叶里藏、浅刺栗良种选育的研究．辽宁林业科技，2005（5）：20～21

[34] 申玉焕，宋庆桃，魏振国等．沂蒙短枝板栗丰产栽培配套技术总结．山东林业科技，1998，114（1）：10～12

[35] 杜春花．云南板栗新品种介绍．农村实用技术，2002（9）：27～28

图书在版编目（CIP）数据

板栗优良品种及无公害栽培技术/组文芳主编．—北京：中国农业出版社，2009.5
（绿色果品生产丛书）
ISBN 978-7-109-13455-3

Ⅰ.板… Ⅱ.组… Ⅲ.①板栗—优良品种②板栗—果树园艺—无污染技术 Ⅳ.S664.2

中国版本图书馆CIP数据核字（2009）第030658号

中国农业出版社出版
（北京市朝阳区农展馆北路2号）
（邮政编码 100125）
责任编辑 贺志清

中国农业出版社印刷厂印刷 新华书店北京发行所发行
2009年5月第1版 2009年5月北京第1次印刷

开本：850mm×1168mm 1/32 印张：5.875 插页：2
字数：140千字 印数：1～6 000册
定价：14.00元